日本No.1家事服務公司
的省時省力家務妙招

活

家事寶典

Bears' Housework Encyclopedia

日本家事服務公司
Bears 監修

序

感謝各位讀者閱讀本書。

相信在讀者之中，有些人認為做家事很輕鬆愉快，但也有人覺得「如果可以的話實在不想做家事」或為了「時間不夠用」而傷透腦筋，沒有自信能把家事處理好。

而我們想透過這本書告訴你的是：不用覺得家事非得做得完美不可，也不要為了做家事把自己累得半死。「Bears」是一間提供家事到府服務的公司，創立於二十三年前，目的就是向因為家事而精疲力竭的人、因為忙碌而無法好好做家事的人、不擅長做家事的人等，所有為家事所煩惱的人提供協助，讓每個人都能開心過生活。

家事並沒有「終點」，想要做到完美的話，會發現永遠都有事情要做，這樣不但辛苦，也勞心勞力。

做家事原本的目的，是讓自己和家人擁有能夠舒適生活的空間。因此，為了家事累得暈頭轉向或喪失自信的話，等於是本末倒置。

如果你現在有疲於應付家事的感覺，不妨重新審視一下自己做家事的方法。有可能是你努力過頭了，或是有某些部分效率不佳。

只要有適當的工具，或是改變一下做家事的步驟、懂得事半功倍的訣竅，你會發現做家事突然變得輕鬆起來，而且更有效率、時間也縮短了。這本書會告訴你如何節省做家事的時間、讓麻煩的家事變輕鬆的小撇步、維持家中環境整潔的打掃方法等技巧。這些全都是Bears的工作人員透過進修學習並落實於日常整理中的方法。

我們衷心期盼這本書能夠替因家事而煩惱、不擅長做家事的人，或是組成新家庭、開始自己獨自生活等，即將面對家事的人提供支持的力量，讓每個人都能開心做家事，並有餘力享受每一天的生活。

Part 1

打掃

輕鬆愉快擁有整潔的居家空間

打造舒適居家空間

房間

廚房

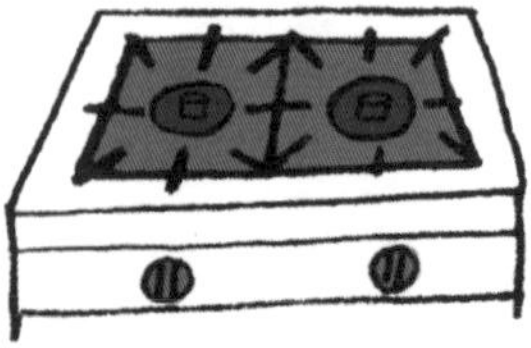

Part 2

收納

將四散的物品迅速收整齊

先從「將物品控制在適當數量」做起

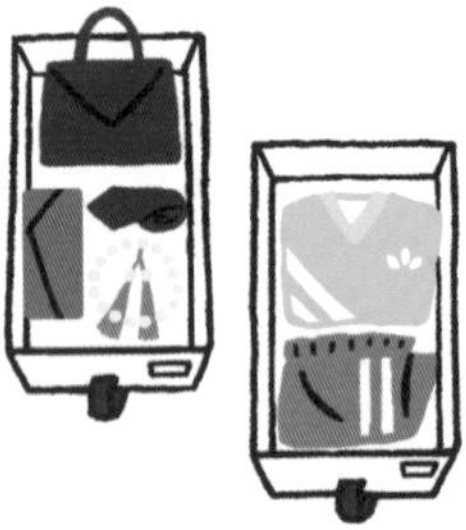

Part 3

料理

冷凍菜餚&健康湯品

冷凍菜餚是時間不夠用時的好幫手

Part 4

洗衣服

洗完以後
蓬鬆又乾淨

基本原則是「不傷衣物，
又能洗得乾淨」

Part 5

Bears流

全年度家事月曆

Part 1

打掃

輕鬆愉快擁有整潔的居家空間

輕鬆、愉快、整潔是打掃的基本原則。接下來會介紹做到這三點所需的基本知識、實用工具及便利小撇步。

打造舒適居家空間

客廳、和室、寢室等起居空間，是家人同聚一堂、招待客人、放鬆身心儲備能量的地方。相信每個人都希望這些空間能夠盡可能地舒適。

要做到這一點，就免不了得勤加打掃，清除各種髒汙，尤其是灰塵。有灰塵的話，不僅會讓整間屋子看起來髒兮兮的，也容易引發過敏。不管是為了自己還是心愛的家人，都應該確實打掃環境，常保居家空間整潔衛生。

打掃時有一項要特別注意的重點，就是維持空氣流通。如果關著窗戶的話，就算再怎麼打掃、整理，空氣都還是停滯不動的。讓空氣流通不僅能引入新鮮的空氣，而且因為空氣流動了，也會帶出原本藏起來的灰塵，更方便打掃。因此開始打掃前一定要打開窗戶，確保整間屋子的空氣流通。

如果室內的窗戶不只一扇，最少要打開兩扇，製造出空氣的通道。若只有一扇窗戶的

話，可以用電風扇從室內往窗外吹，使空氣循環。將地毯捲起來、窗簾拉開等，動一動屋子裡的東西，也能製造出和平時不一樣的氣流，有助於空氣流通。

另外，採光也是空氣流通的一個重要環節。窗簾如果一直是拉上的，會累積濕氣、導致發霉。白天應該拉開窗簾，讓光線照進室內。另一項重點則是將窗戶及鏡子擦乾淨。玻璃和鏡子擦得亮晶晶，整間屋子會更顯得明亮、美觀。做好空氣流通，營造出充滿新鮮空氣與光線的室內空間，絕對能讓人感到舒適，想要長時間待在這樣的空間裡。

另外，客廳是全家人共享天倫之樂的空間，家中成員會把各式各樣的物品帶來這裡。規定好物品的擺放位置，並建立個人物品要帶回自己房間的規則、隨時花點心思整理，客廳就會顯得整齊清爽，不僅讓人感覺舒適，也會更好打掃。

打掃時不要慌、不要急，要用溫柔的心面對

明明只是在做家事，不知不覺間眉頭卻皺了起來……。你也有過這樣的經驗嗎？

不論是打掃或做任何家事，都要記住三大重點——「不要慌」、「不要急」、「用溫柔的心面對」。

首先，做事要有計畫。「突然有客人要來家裡，於是連忙打掃，可是家裡反而變得比原本還亂」、「因為急著打掃，結果不小心太用力，把家具表面弄出傷痕，而且髒汙還卡進去了」這類情形我們時有耳聞。

另一項重點是，不要試圖一次全部打掃完。想要一口氣把所有地方清理乾淨，容易因為要做的事情實在太多而心生厭煩；或是打掃到一半就累了，無法堅持到最後。

想避免這種情形發生的話，要記得平時就應該徹底做好預防工作，避免髒汙累積。時間過得愈久，髒汙就愈難去除。每天安排一點打掃時間，養成盡早清理髒汙的習慣，在遇到

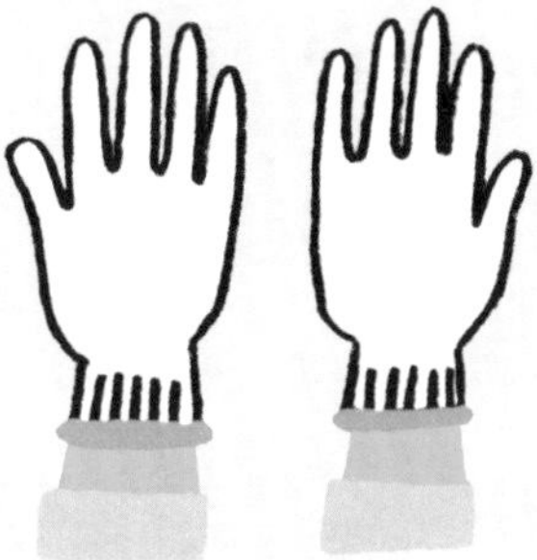

突發狀況時就不會慌張。例如，每次使用完後就將水槽或洗臉盆的水滴擦乾；上完廁所後順手擦拭馬桶；洗完澡後用腳將浴室地板上的水往排水孔撥；趁做完菜還有餘溫時清理爐具的玻璃面板等，使用完畢後只要稍微動手一下，就能維持清潔，讓打掃輕鬆許多。

還有一點是要學會判斷「哪些地方應該維持亮晶晶」。如果可以的話，家裡每個角落都乾淨到閃亮亮當然是最好的，但如果時間、體力不允許，只要能將不鏽鋼水龍頭、鏡子、玻璃之類的地方清理到發亮，整個家就會美觀許多。眼睛看得見的地方閃閃發亮的話，相信打掃起來會更有成就感，整個空間也會感覺更加舒適。

最重要的一點，是用溫柔的心去打掃。房屋及家具為自己和家人的舒適生活提供了保障及後援，懷抱著感恩的心情打掃，心情自然好，家人也生活得更舒適，家中氣氛和諧。

家事從愛出發，而且也會帶來愛

你可能覺得打掃、整理、煮飯等，日復一日無止境的「家事」很麻煩、最好可以不用做。

我們需要「家」這個地方為自己充電，迎接每一天的挑戰，而不斷為「家」注入能量的，正是家事。把家裡收拾整齊、打掃、煮飯……，所有家事可以說都是為了讓自己、家人、伴侶擁有舒適的居家時間，從「愛」出發的行為。

因此，希望大家在做家事時，能夠想起這樣的愛，相信一定能讓家中洋溢幸福的氣息。

想把家裡打造成充滿愛的舒適空間，可以將自己喜歡的東西、漂亮的東西擺放在身邊。進行整理時，不妨用另一種角度思考，不是「丟掉不需要的東西」，而是只留下喜歡的東西。能被自己喜歡的東西圍繞，心情也會愉悅起來。

另外，打掃的時候也推薦將消毒酒精與精油混合，做成

「香氛酒精」使用。香氛酒精在增添香氣的同時還能除菌、殺菌，置身於自己喜歡的香味之中，也能讓你在打掃時擁有好心情。廁所建議使用消臭效果佳的尤加利或薄荷，臥室則可以使用能幫助睡眠的薰衣草，依不同空間挑選適合的精油使用。

話說回來，不擅長打掃的人往往會不想面對打掃這件事而一再拖延，當家裡變髒了，就會覺得：「反正都已經髒了，隨便啦。」結果更加提不起勁打掃，陷入惡性循環。但這樣是無法對自己的家產生愛的。家裡乾淨整潔的話，就會有「不想要變髒」的想法，進而產生動力去打掃，形成良性循環。

想要自己和家人過得健康、幸福，打掃是絕對不能少的。希望大家能參考這本書中介紹的打掃妙招，開開心心、輕輕鬆鬆地讓家裡變得乾淨整潔。

打掃的順序

01 / 清除灰塵

1

首先要開窗流通空氣！讓室內與室外的空氣對流

開始打掃前必須先確保空氣流通。一定要打開兩扇不同位置的窗戶，用新鮮空氣取代停滯的空氣。空氣流動的話，灰塵也會動起來，更方便打掃。所謂的空氣流通也包括了讓光線照進室內。

2

灰塵一定要從上往下拂落

清除灰塵時不能隨意擦拭，一定要從上往下拂落，由高處依序往下清，讓灰塵落在地板上。

3

用吸塵器將掉在地板上的灰塵吸乾淨

掉落到地板上的灰塵用吸塵器吸乾淨。直接用濕抹布擦的話，灰塵會結塊而不易掉落，因此要依拂落灰塵→用吸塵器吸乾淨→擦拭的順序進行。

02 / 擦去髒汙

1

擦拭的順序是 ①濕擦②乾擦③收尾

基本上按照這個順序擦拭，就能去除髒汙，讓地板亮晶晶。

2

抹布要準備三種才夠用

抹布建議準備乾擦用、濕擦用、收尾用三種。依顏色或圖案區分的話，就能一眼認出抹布的種類。要挑選不會起毛的材質製成的抹布，並晾在通風良好的地方。

3

擦拭方向是 由內往外擦

抹布如果像汽車雨刷那樣左右來回擦的話，無法均匀擦到每個地方。由內往外沿固定方向擦，就不會有地方沒擦到。

02 高效率幫手！Bears流打掃法寶 便利打掃工具

基本打掃工具

開始打掃前，先來製作基本打掃工具吧！
材料全是隨處可見的東西。
有了這些工具，不需要花費多餘力氣就能夠輕鬆去除髒汙。

格子狀海綿

用美工刀在海綿菜瓜布軟的那一面劃出格子狀紋路（基本上直的劃兩刀，橫的劃三刀，深度約海綿的三分之二）。這些帶有割痕的部分可以刷掉細小部分的髒汙。

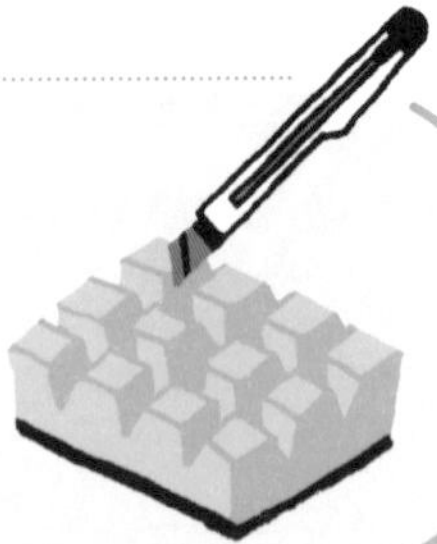

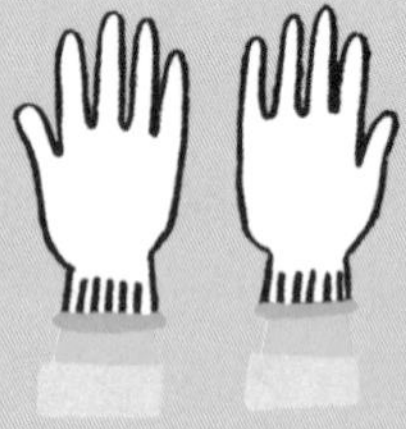

棉紗手套抹布

橡膠手套上再套上棉紗手套，便製作完成（橡膠手套下緣多出來的部分要反摺，以免洗劑滴落）。有了這個，就可以用手指靈活地清潔抹布難以擦到的縫隙或細微處。

棉花棒扇

將五根棉花棒排成扇形，下方以橡皮筋綁在一起。打掃對講機麥克風的縫隙等，手指伸不進去的地方時很好用。移動橡皮筋的位置，就可以換另一端使用。

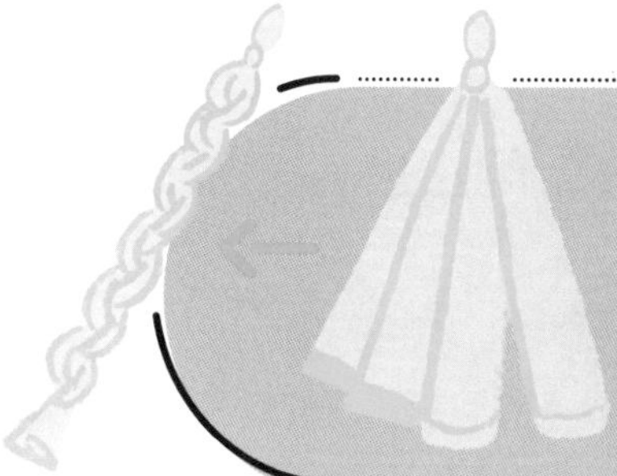

麻花辮絲襪

將絲襪對摺，正中間大腿根部的部分綁起來讓絲襪變成三束，編成麻花辮狀，但不用編得太緊實。在打掃到最後階段，水已經全乾時用於不鏽鋼材質的收尾擦拭。

絲襪衣架

抓住鐵線衣架彎鉤及下方部分，將衣架拉成菱形，然後塞進絲襪中。絲襪多餘的部分可以纏在彎鉤處當作握把。用來清潔高處或家具縫隙很方便！

絲襪球

將舊襪子（單隻）從腳尖處往上捲成圓筒狀，塞進從大腿處剪開的絲襪內。把襪子當成球芯，用絲襪包成球狀。可藉由靜電輕鬆去除灰塵及髒汙。

捲筒衛生紙吸嘴

捲筒衛生紙的紙芯一端剪出五道約2cm的切口，另一端剪成斜的。有切口的一端套在吸塵器的管子上，再用膠帶固定，就成了便利的拋棄式吸嘴！

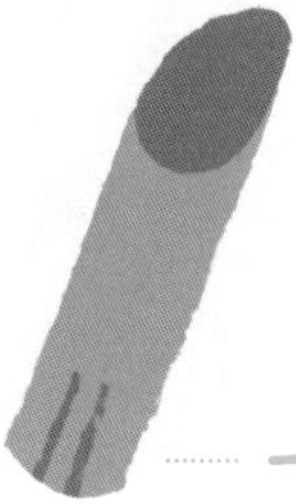

03

首先要確實讓空氣流通

Bears流打掃基本原則

通風、打掃

打造舒適居家空間的重點

維持空氣流通，能讓新鮮空氣進到室內，
灰塵也更容易清除。
想打造舒適的居家空間，就要勤於促進空氣流通。

Rule 01

打開兩處以上的窗戶讓空氣產生對流

打開兩處以上的窗戶，製造出空氣的通道。只有一扇窗戶的話，可以開電風扇從室內對外吹。

Rule 02

拉開窗簾讓光線照進來

採光也是讓空氣流通的一部分，室內陰暗的話會累積濕氣，造成發霉。白天時要記得拉開窗簾。

Rule 03

灰塵要從上往下依序清除

打掃的基本原則是灰塵一定要從上往下拂落，掉在地板上的灰塵用吸塵器吸乾淨，最後再用抹布擦拭。

做好空氣流通也是重要的打掃工作！

客廳、臥室等起居空間時常有人進出，

尤其容易累積灰塵。

因此建議在開始打掃前，先確實讓空氣流通。

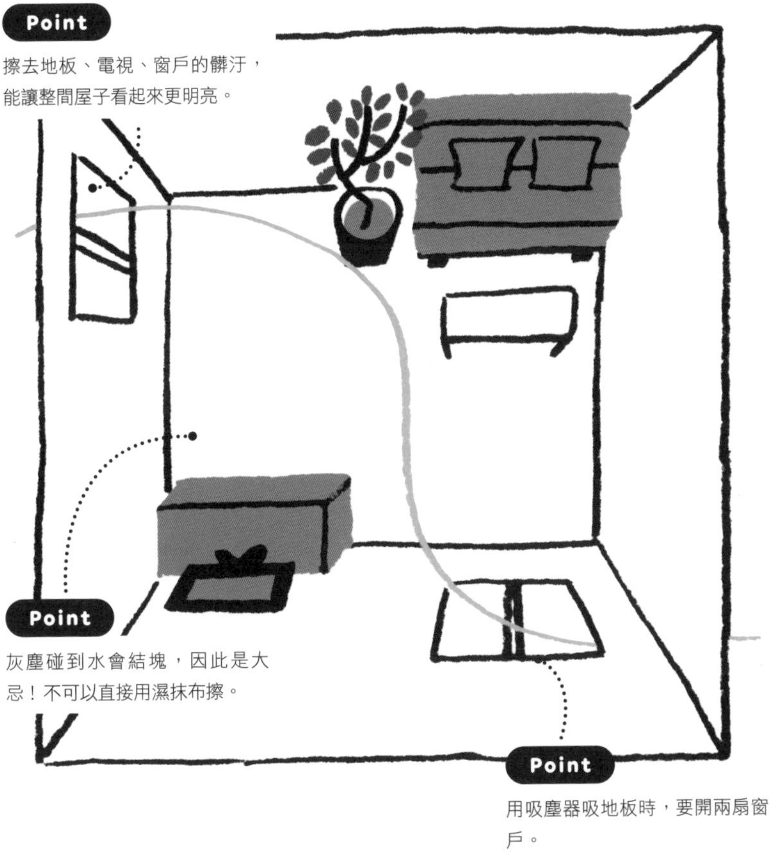
Point
擦去地板、電視、窗戶的髒汙，
能讓整間屋子看起來更明亮。
Point
灰塵碰到水會結塊，因此是大
忌！不可以直接用濕抹布擦。
Point
用吸塵器吸地板時，要開兩扇窗
戶。

04 打掃房間地板
「由內往外」是不變的大原則

8分鐘

道具
- 吸塵器
- 抹布
- 消毒酒精
- 舊T恤

打掃地板的原則是
通風→吸塵器→抹布擦拭

打掃房間時，
通風→吸塵器→抹布擦拭，
以及「由內往外」是不變的大原則。

step 1

再一次確認 通風狀況

首先要確認空氣是否充分流通。空氣沒有流動的話，灰塵就會累積。請記得打開兩處以上的窗戶，或是開電風扇等，製造空氣的通道。

step 2

吸塵器要 由內往外吸

吸塵器要從房間最裡面的角落往出口吸。方向相反的話，灰塵又會堆積在好不容易打掃完的外側。

step 3

吸塵器要順著木紋沿固定方向吸

吸塵器要拿在手上，以避免刮傷家具或地板，並順著地板的木紋沿固定方向吸。最後則是貼著牆邊吸，把角落也清乾淨！

step 4

抹布擦拭同樣是由內往外

抹布擰乾後，從房間內部往外順著木紋擦。如果覺得太髒，可以在抹布上噴灑消毒酒精。

step 5

乾擦可以帶給地板光澤

用舊T恤等沿固定方向乾擦。多了這一道工夫，可以讓地板看起來明亮有光澤。

15分鐘 地墊、榻榻米

道具

- 醋水
- 抹布
- 吸塵器

step 1

榻榻米要 順著紋路吸

讓空氣流通後，吸塵器順著榻榻米的紋路從最裡面的角落往出口方向吸。如果從紋路的垂直方向吸，會傷到榻榻米。

step 2

抹布濕擦 同樣要順著紋路

抹布擰乾後，順著榻榻米的紋路濕擦，然後等待水分全乾。如果覺得太髒，可以將醋4：水6的醋水噴在抹布上擦拭。

step 3

清理地墊要 逆著毛清

清理絨毛較長的地墊時，吸塵器要逆著毛吸。使用滾筒黏紙的話，可能會有膠殘留在地墊上，建議拿七條橡皮筋套在保鮮膜筒芯上當作滾筒使用。

解決
小朋友製造的各種髒汙！

家裡有小朋友的話，總會發生各種意外。像是在家具或牆壁上塗鴉、打翻食物、不小心受傷等。只要知道各種髒汙的處理方式，就能確實清除掉，不用為此不開心。
以下會介紹幾種方法，解決小朋友製造出來的髒汙。

醬油或果汁等水溶性的汙漬

如果能當場脫下弄髒的衣服，用水沖洗是最好的方法。或者用乾布或面紙捏住弄髒的地方，吸出水分。如果還是無法清除的話，可以將毛巾墊在汙漬背面，用牙刷沾洗碗精拍打汙漬處。

美乃滋等油性汙漬

這種汙漬碰到水的話反而會不容易清除，因此請不要用濕的東西擦拭。將毛巾墊在汙漬背面，用牙刷沾小蘇打與水以6：4混合成的小蘇打泥或是卸妝油拍打汙漬處，然後直接放進洗衣機清洗。

血液的汙漬

血液也是水溶性的汙漬，只要不是放了一段時間的話，用水就能洗掉。血液及牛奶等蛋白質類物質用溫水洗的話反而會凝固，要特別注意。如果是滴到地毯等物品的話，可以沾雙氧水輕輕拍打去除汙漬，再用濕抹布擦拭，然後放乾。

尿

尿雖然也是水溶性的，但如果滴到地毯等物品，可能會留下阿摩尼亞的臭味，清潔時要多加注意。用舊布沾10㎖消毒酒精與5g小蘇打混合成的液體拍打沾到尿的部分，汙漬去除後再用另一條舊布濕擦。

口香糖

口香糖是含有固態物質的不可溶汙漬。不論是衣服或地板黏到，都先用保冷劑或冰塊冰到變硬，再以手指或抹刀等工具剝掉。如果還是無法清理掉的話，可以直接塗抹肥皂，用牙刷輕輕刷掉，然後再濕擦。

嘔吐在室內

如果帶有病毒的話，不要赤手處理，應該先戴上橡膠手套與口罩，讓房間空氣流通後使用氯系漂白水殺菌。不要用酒精，要用氯系漂白水或次氯酸鈉殺菌。

牆壁或櫃子上的貼紙

用吹風機的熱風對著貼紙吹，等貼紙的黏性變弱後撕下來。還是撕不下來的話，可以用醋沾貼紙，然後蓋上保鮮膜，約五分鐘後再用吹風機吹。醋有可能會傷到家具或牆壁，建議先從不起眼的地方試起。

麥克筆或蠟筆畫在家具上的塗鴉

麥克筆或蠟筆可以用牙刷沾洗碗精刷掉，然後依濕擦→乾擦→收尾擦拭的順序擦拭。這兩者都能用去光水清除，但某些材質的牆壁或地板可能會變色，要特別注意。

05

窗戶、窗戶周邊的打掃

由上往下沿固定方向擦拭

道具

- 舊T恤
- 抹布
- 絲襪球

15分鐘 窗戶

窗戶要由上往下打掃

使用抹布或絲襪球，
由上往下沿固定方向擦拭。
要注意別弄錯打掃順序。

step 1

清除灰塵

一開始就用清潔劑或水的話，灰塵會結塊，造成反效果。建議用乾的絲襪球由上往下擦落灰塵。

step 2

用抹布由上往下拭

接下來用擰乾的濕抹布，然後再用乾抹布由上往下沿固定方向擦拭。最後再用舊T恤之類的布做收尾擦拭，窗戶就會亮晶晶。

4分鐘 紗窗

用泡沫解決紗窗的髒汙

道具

・海綿
・抹布
・牙刷
・肥皂
・去汙劑
・絲襪球

step 1

清除灰塵，製作清潔液

先用絲襪球清除灰塵。接著在洗臉盆裝入溫水，用肥皂搓出泡沫製作清潔液，以海綿舀起泡沫。

step 2

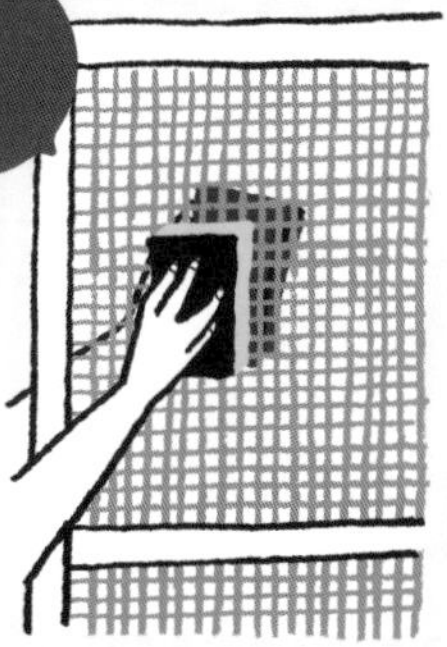

海綿＋抹布

雙面夾擊紗窗

用舀了泡沫的海綿與擰乾的濕抹布夾住紗窗，一面以海綿將灰塵往抹布推擠，雙手一面由上往下移動。

step 3

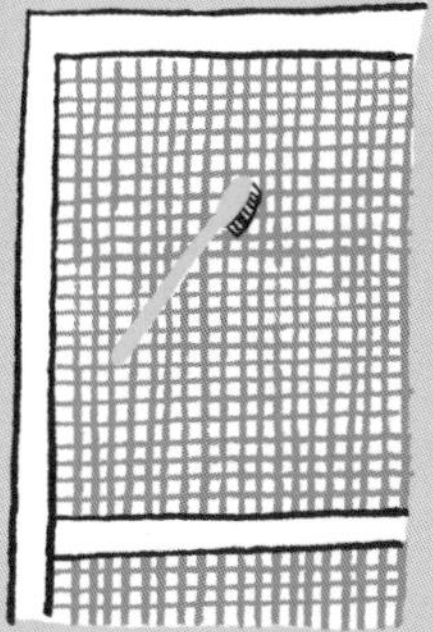

紗窗如果太髒就先用牙刷處理

如果有特別髒的地方，先用舊牙刷沾去汙劑刷一遍，再進行步驟②。

15分鐘 窗框軌道

讓容易積灰塵的窗框軌道變得亮晶晶！

道具

- 吸塵器
- 抹布
- 居家清潔劑
- 捲筒衛生紙吸嘴
- 格子狀海綿菜瓜布

step 1

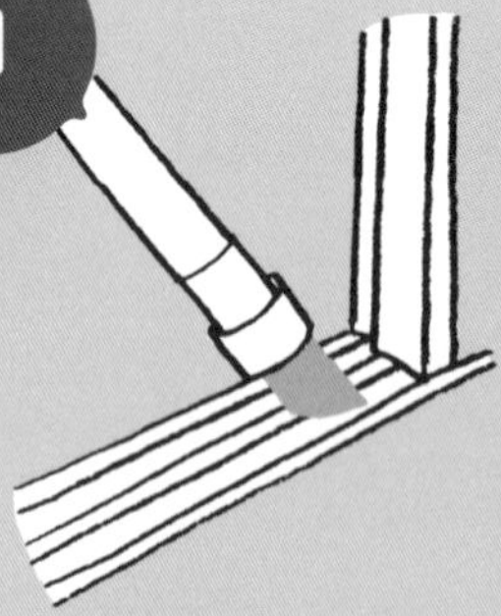

用吸塵器 吸去灰塵碎屑

將拋棄式的捲筒衛生紙吸嘴裝在吸塵器上，吸掉軌道上泥巴之類的髒汙。吸嘴一定要從外側套在吸塵器的管子上。

step 2

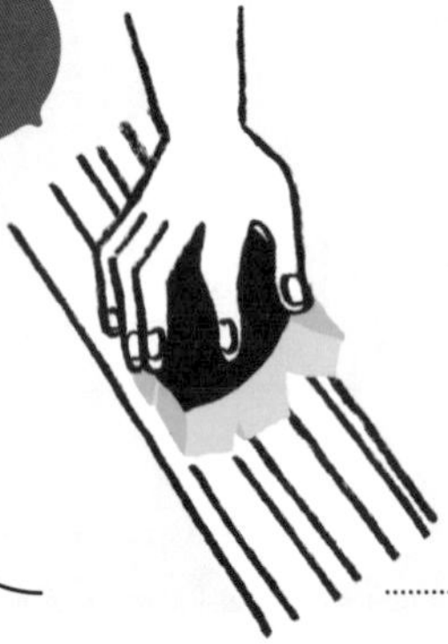

用居家清潔劑 擦乾淨

在格子狀海綿菜瓜布上噴灑居家清潔劑，將格子狀的那一面卡進軌道擦拭。

step 3

最後用濕擦收尾

用擰乾的抹布濕擦，要確實擦拭以避免清潔劑殘留。角落有髒汙累積的話，可以用牙刷或棉花棒清除。

窗簾滑軌

道具 ・絲襪衣架

利用靜電清除灰塵

將絲襪衣架彎成鉤狀卡在滑軌上滑動，靜電就會將灰塵吸起來。

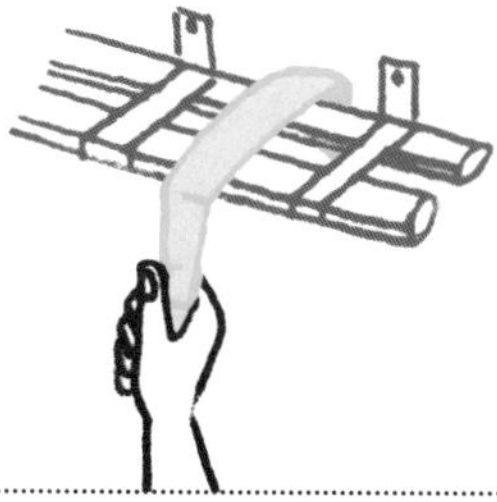

窗台

道具 ・棉紗手套抹布 ・居家清潔劑

摸一摸就能變乾淨

用棉紗手套抹布一路摸過去就可以把木製窗台清乾淨。如果覺得太髒，就在左手噴上居家清潔劑擦拭，右手乾擦。

紙拉門、踢腳板

道具 ・棉紗手套抹布 ・棉花棒・酒精

棉紗手套抹布很好用

用棉紗手套抹布沿著踢腳板擦就能清除灰塵。特別髒的地方，可以用吸了酒精的棉花棒清理，但水分太多的話灰塵會結塊，請多加注意。紙拉門的面積較大，因此戴上棉紗手套抹布後，可以用整個手掌由上往下沿固定方向擦掉灰塵。容易累積灰塵的下半部分更要仔細清理。

格子門框

道具 ・棉紗手套抹布 ・棉花棒

兩樣道具即可搞定

一層一層依序用手指由一端擦到另一端，讓灰塵吸附在棉紗手套抹布上。四個角落可以用棉花棒清理。

06 打掃家電、家具等

有打掃工具幫忙就不用怕

燈具（吸頂燈）

4分鐘

道具

- 棉紗手套抹布
- 消毒酒精
- 舊T恤

定期拆下來擦拭清潔

step 1

拆下燈罩進行清潔

為了安全起見，請關閉電源後再拆下燈罩，將燈罩放在報紙上。棉紗手套抹布上噴灑消毒酒精。

step 2

從內側擦拭清潔

將手伸入容易堆積髒汙及灰塵的燈罩內側凹槽擦拭，外側則沿固定方向擦拭，以免有地方沒擦到。

step 3

用舊T恤做收尾擦拭

燈罩表面乾了以後，用舊T恤沿固定方向擦拭。

4分鐘 沙發

道具

- 吸塵器
- 絲襪
- 牙刷
- 液體皂
- 居家清潔劑
- 抹布
- 棉紗手套抹布

沙發累積的髒汙
其實超乎想像

step 1

將絲襪
套在吸塵器上

為了避免吸進耳環之類的小東西，拆下吸塵器的吸頭部分，套上絲襪吸沙發表面的灰塵及碎屑。

step 2

背面及地板
也要打掃

拆下絲襪，將沙發搬開，清理沙發背面及地板。如果有汙漬需要清除，可以用牙刷沾液體皂輕輕刷掉。

step 3

縫隙就交給
棉紗手套抹布

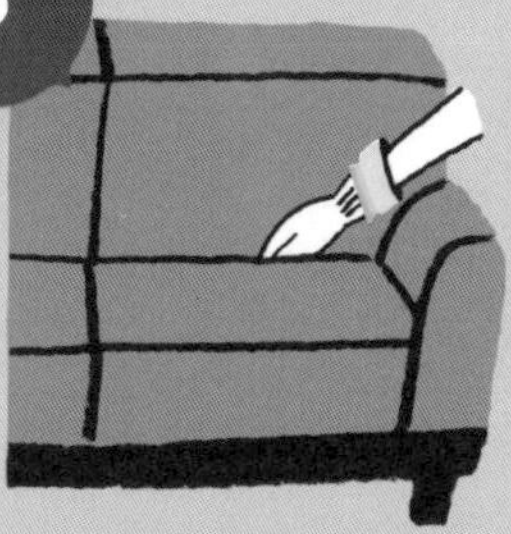

整張沙發以擰乾的濕抹布擦拭。如果是合成皮革材質，也可以使用居家清潔劑。縫隙間的灰塵及碎屑則用棉紗手套抹布清除。

1分 家具與家具之間

道具 ・超級絲襪衣架

三兩下清乾淨！

將超級絲襪衣架伸入家具與家具間的縫隙，由上往下移動；家具與地板間的縫隙則左右移動。

1分 電視

道具 ・棉紗手套抹布

正面背面都用棉紗手套抹布

用乾的棉紗手套抹布由上往下擦拭螢幕，將灰塵拂落。背面的細微部分可用手指加以清潔。

超級絲襪衣架的製作方式

比絲襪衣架威力更強大！

先將鐵線衣架拉成菱形，到此為止和原本的絲襪衣架相同。接下來則是用舊襪子套住衣架。一面拉一面注意不要讓衣架扭曲，並將握把部分也完全套住。接下來再套上絲襪，最後將絲襪的多餘部分纏在彎鉤處打結。多了舊襪子不僅更有安定感，吸附灰塵及碎屑的效果也更強。

打掃冷氣機的訣竅

冷氣機上方
用超級絲襪衣架清潔

冷氣機上方容易積灰塵，但是手又很難搆到，這時就要讓超級絲襪衣架上場了！配合冷氣機身厚度將衣架彎成鉤狀，卡住冷氣上方滑動。灰塵會因為靜電而聚集在一起，所以只要用絲襪衣架擦拭，就能輕鬆去除灰塵。

棉紗手套抹布也是
清理冷氣機的好幫手！

清理葉片部分（出風口）要用到的是棉紗手套抹布。用拇指及其餘四指夾住葉片，然後橫向滑動就能清理乾淨。覺得太髒的話，也可以使用居家清潔劑。冷氣機的灰塵要勤加清理，覺得吹出來的風有異味的話，就要清理濾網。先在乾的狀態下清掉濾網的灰塵，再用水洗並晾乾。冬天用不到冷氣時也可以套上套子。

07 用過一次就會愛上 灰塵就靠棉紗手套抹布擊退！

棉紗手套抹布

打掃家裡各種地方都好用！

臥房、客廳、廚房、浴廁等，
家裡每個地方都用得到棉紗手套抹布。
家電、角落縫隙等刁鑽位置的灰塵也能輕鬆去除。

Point 01

抹布擦不到的灰塵也清得乾乾淨淨

一般抹布難以擦拭的凹凸表面，例如電視背面等位置的灰塵，只要用棉紗手套抹布摸過去就能清除。

Point 02

清潔電風扇、電視等家電也很好用

覺得家電積了太多灰塵的話，只要用棉紗手套抹布擦一下就好！輕輕鬆鬆就能去除灰塵，讓你用得安心舒適。

Point 03

而且還能打掃「不想用手碰」的地方

許多人都不希望手直接摸到馬桶或換氣扇上的髒汙。只要使用棉紗手套抹布，就能輕鬆、確實地將這些地方清乾淨。

這些地方都可以用棉紗手套抹布打掃

- 電視
- 時鐘
- 觀葉植物
- 階梯
- 格子門框
- 紙拉門
- 浴廁的架子
- 電鍋
- 冷氣出風口
- 冷氣機外殼
- 室內的線材
- 開關保護罩
- 免治馬桶噴嘴
- 馬桶
- 馬桶與馬桶蓋間縫隙
- 捲筒衛生紙架
- 燈具（吸頂燈）
- 室內的門把
- 遙控器
- 廚房的垃圾桶
- 廁所的垃圾桶

絕大多數家電、小東西的灰塵都能用棉紗手套抹布清除，用來清理容易留下手垢的地方（門把等）或階梯、馬桶座墊周圍等也很方便。如果太髒的話，可以將消毒酒精或居家清潔劑噴在棉紗手套抹布上清潔擦拭。

10分鐘
居家整理小撇步

出現突發狀況！

家裡亂七八糟的時候，剛好有朋友問：「等一下可以過去找你嗎？」一方面雖然高興，另一方面卻很傷腦筋。遇到這種情況，其實只需要一點小技巧，就能讓家裡看起來井然有序！如果客人只是到門口，不會進到家裡的話，只要把鞋子收好，掃一下地就好了。客人會進到家裡的話，就要趕快收拾客廳、檢查廁所是否乾淨。

東西先收進箱子、袋子就對了

將四散的物品都收進事先準備好的大紙袋，或比較好看的箱子、瓶子裡。真的沒有時間的話，就先全收進大袋子裡也可以。不過如果能按類別分開來收，事後整理起來會比較輕鬆。

統一商標及標籤的方向

廚房裡的各種物品或調味料等，商標及標籤的位置缺乏一致性的話，看起來會有凌亂的感覺。只要讓所有商標及標籤統一朝向正面，就會讓人覺得物品有整理過。

依大→小的順序堆放物品

雜誌、廣告傳單等平時散落在桌上的物品如果只是隨便疊在一起，不但不穩固，還有可能塌掉！從最底層開始要依大→小的順序往上堆，最後再整理整齊。

先蓋塊布應急

無論如何都擠不出時間整理的話，可以在雜亂無章的物品上蓋塊絲巾或花色美觀的布加以掩飾。只要看不出來實際上有很多東西，就能讓空間顯得俐落簡潔。大塊的布在沙發或地板有明顯髒汙時很好用。時尚美觀的布可說是實用的好幫手。

讓家裡聞得到
芳香氣味

為家中
帶來香氣

希望家裡的氣味聞起來讓人感到愉快，必須先消除不好聞的味道。如果覺得家裡總有股味道的話，原因出在空氣停滯不動。為了將悶在室內的空氣往外送，改變停滯不動的狀態，一定要讓空氣流通！另外，也可以在空氣中增添自己喜歡的香氣。只要用消毒酒精和精油就能做成香氛噴霧，也可以依各個空間選擇不同香味使用。

製造空氣的通道
讓空氣正確流通

建議每天起床後讓室內通風15～30分鐘。這時候要打開兩處以上的窗戶，製造出空氣的通道。只有一扇窗戶的話，可以把門也打開。

沒辦法開窗的房間 就利用電風扇

如果房間出於某些因素而無法開窗，可以用電風扇解決空氣停滯的問題！把門打開，在房間的對角線上擺兩台電風扇吹，就能有效流通空氣。製造對流把停滯的空氣和不好聞的味道送出去吧。

用自製香氛噴霧增添香氣

在200㎖市售的消毒酒精（如果使用酒精原液的話，以9：1的比例用水稀釋）中滴入20滴精油，便可製成香氛酒精。除了室內消臭，也可以用在棉被、枕頭、難洗的衣物上，達到除菌效果。由於沒有任何添加物，噴在小朋友的物品上也不用擔心。因為具揮發性，所以不能大量製作存放起來。

mini Column

看心情決定 使用哪一種香氣！

想放鬆時可以選擇薰衣草，想振奮精神的話不妨使用香檸檬精油，視情況挑選不同精油使用也不錯喔！

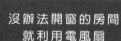

01

打掃廚房的基本技巧
廚房最理想的狀態是永遠都亮晶晶

水垢、油汙累積多了會很麻煩

瓦斯爐滿是油垢、水槽因為水垢而黯淡無光……。
以下將傳授你各種技巧，
讓容易累積髒汙的廚房永遠看起來都是亮晶晶。

Rule 01

瓦解頑強的髒汙

容易累積髒汙的瓦斯爐架、烤網、濾網、濾筒，以小蘇打水及清潔劑混合成的液體浸泡靜置，可以瓦解髒汙。

Rule 02

從源頭阻斷異味！

有異味的話要找出源頭。除了垃圾桶、排水口外，也要確認抹布、水槽下方的收納空間、碗櫥等。同時要記得多讓空氣流通。

Rule 03

讓水槽、水龍頭閃閃發亮

水槽、水龍頭是眼睛最容易看到的地方，但也最容易有水垢、留下痕跡。將這些地方清理得亮晶晶，整間廚房會更顯明亮。

打掃廚房的基礎知識

維持清潔要靠 一點一滴的累積

洗碗的時候順便刷一下水槽，收拾鍋具的時候順便清理爐具等，趁髒汙還不嚴重時就先動手清掉。最好的做法就是這樣一點一滴做起，避免形成頑強的髒汙。

準備好用的擦拭布 隨時順手擦一擦

建議家裡常備擦拭布，做好平日一點一滴的清潔。如果想等到髒了再來打掃，往往會因為累積太多髒汙而懊悔，而好用的擦拭布正是順手清潔擦拭的好幫手。

惡臭就用小蘇打解決

小蘇打在廚房有許多用途。小碟子裡放些小蘇打，擺在碗櫥、水槽下方的收納空間等處，就能消臭、防霉。也可以用在垃圾桶（p54）。

02 頑強的髒汙就靠浸泡靜置搞定

盡可能先瓦解汙垢再清除

浸泡靜置（小蘇打）

浸泡小蘇打＋溫水
就能瓦解難以去除的油汙

滿是油汙的瓦斯爐架、烤網要讓小蘇打上場解決。

用塑膠袋做出浸泡池，就能徹底去除汙垢。

step 1

將塑膠袋黏在排水口固定，裝入溫水

拆下瓦斯爐架、烤網、鍋子、換氣扇葉片等黏附了頑強油汙的物品。用膠帶等將塑膠袋固定在水槽的排水口處，然後裝入稍熱的溫水（40～50℃）。

step 2

浸泡30分鐘至1小時左右
使油汙鬆動

按小蘇打：溫水為1：9的比例，將小蘇打倒入塑膠袋內的溫水中，溶解小蘇打。接著放入在①拆下的各種物品，綁緊袋口密封。浸泡30分鐘至1小時左右後，用格子狀海綿等工具刷洗，去除汙垢。

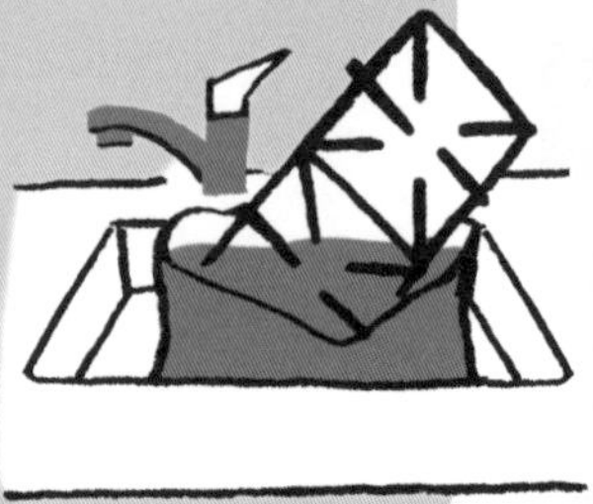

浸泡靜置（氯系漂白水）

排水口濾筒、水槽濾網等要用氯系漂白水浸泡靜置

step 1

直接噴灑漂白水

排水口濾筒、水槽濾網的黏液、異味最令人頭痛，這則要靠氯系漂白水解決。用牙刷刷掉固態物質後，表面直接噴灑漂白水，再裝入食品用透明保鮮袋或塑膠袋中。由於漂白水具強烈刺激性，因此一定要戴橡膠手套。

step 2

加水搖一搖！

在裝有濾筒、濾網的塑膠袋內加少許水（約30㎖），然後綁緊袋口，抓住整個袋子上下搖晃約15次，便能清除細小的髒汙、黏液、異味。接下來靜置15～30分鐘左右再用水沖洗，就大功告成了！

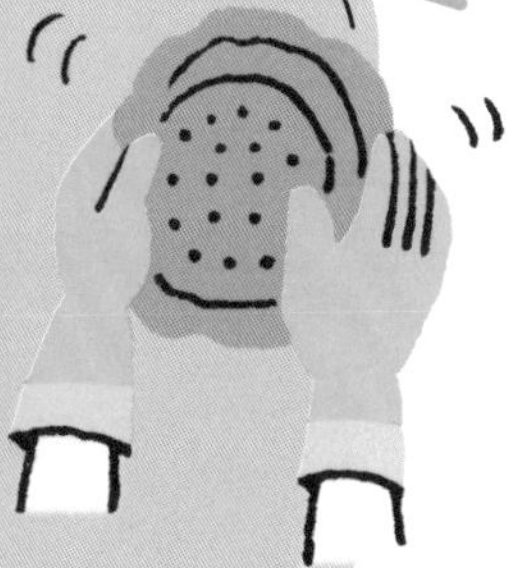

03 水龍頭、水槽 打掃廚房先從這裡開始

4分鐘 水龍頭

道具

- 擦拭布
- 麻花辮絲襪
- 洗碗精
- 牙刷

打掃廚房從水龍頭開始

打掃廚房的順序是先清理水龍頭、水槽，
接下來是冰箱、瓦斯爐等爐具，
最後則是牆壁及地板，
將打掃時噴濺的水滴擦乾淨。

step 1

用擦拭布擦掉大片髒汙

柔軟材質的擦拭布沾洗碗精稍微擰乾後，可以用來擦去大片髒汙。水龍頭底座接縫等部位的細微髒汙，則以牙刷刷掉。

step 2

最後進行收尾擦拭

以濕擦擦掉髒汙與洗碗精後，換另一條擦拭布乾擦。最後用麻花辮絲襪套住水龍頭，左右交互拉扯進行收尾擦拭。

4分鐘 水槽

道具

- 海綿
- 抹布
- 消毒酒精

不留刮痕與水滴 刷得亮晶晶

step 1

沖洗排水口濾筒

從塑膠袋中取出經過浸泡靜置的排水口濾筒（p45），用水沖洗。由於已經浸泡靜置過了，因此不需要再使用清潔劑。

step 2

用海綿 沿固定方向刷洗

用海綿菜瓜布的柔軟面順著髮絲紋（呈現出頭髮般細紋的表面處理方式），以固定方向刷洗水槽。

step 3

水槽下方也要 確實除菌

清空收納在水槽下方的物品後，用噴灑了消毒酒精的抹布擦拭，菜刀架也要消毒。讓空氣流通五～十分鐘，等乾了之後再將物品收回原位。

04

油汙也能輕鬆去除 瓦斯爐、IH調理爐

15分鐘 瓦斯爐

道具

・格子狀海綿
・洗碗精
・沐浴巾
・牙刷
・小蘇打泥

只要有小蘇打 油汙也能輕鬆去除！

瓦斯爐汙漬的主要來源是油，
而小蘇打正是清除油汙的高手。
清理瓦斯爐就要借助小蘇打的力量。

step 1

零配件
用清潔劑等刷洗

取出經過浸泡靜置的零配件（p44），用格子狀海綿沾洗碗精刷洗。也可以用小蘇打與水以6：4的比例混合成的小蘇打泥。

step 2

焦痕以沐浴巾去除

細小的焦痕可以用較硬的沐浴巾去除，固體狀髒汙則可以用牙刷刷掉。最後再沖水徹底洗淨。

4分鐘 IH調理爐

道具

・食品用保鮮膜
・海綿
・去汙劑
・擦拭布

保鮮膜具有拋光效果但不會產生刮痕

step 1

準備揉成球狀的保鮮膜

倒適量去汙劑在海綿上，接著撕約10㎝的食品用保鮮膜揉成球狀，再將去汙劑抹到保鮮膜球上。

step 2

最後要確實濕擦

保鮮膜球以畫小圓圈的方式擦拭後，用擰乾的擦拭布濕擦。如果有去汙劑殘留的話，爐面會容易泛白。

mini Column

趁還有熱度時將髒汙清乾淨

趁還有熱度時將黏附於瓦斯爐或IH調理爐的髒汙、油汙擦掉，之後要打掃時就會輕鬆許多。

05 冰箱外觀、內部

內外都閃閃發亮又乾淨

4分鐘 冰箱外觀

道具

- 舊T恤
- 擦拭布
- 小蘇打水
- 橡皮擦

小蘇打水與橡皮擦效果驚人！

家裡的每個人都會接觸冰箱，
因此冰箱容易沾到手垢及細菌。
重點部位一定要打掃乾淨！

step 1

橡皮擦是祕密武器！

以橡皮擦清除冰箱門上的手垢及指紋後，用小蘇打與水以1：9的比例混合成的小蘇打水噴濕擦拭布。用擦拭布擦完後，再用擰乾的抹布徹底濕擦。若有小蘇打水殘留，外觀會容易泛白。另外，橡皮擦也可以用來清除塑膠製品、家電、陶器的髒汙等。

step 2

用舊T恤乾擦

最後用舊T恤等不會起毛的布沿固定方向乾擦。確實做好乾擦的步驟，有預防髒汙累積的效果。不妨想像成自己在擦鏡子，努力擦到亮晶晶吧。

15分鐘 冰箱內部

多加利用包布湯匙

道具

- 擦拭布
- 消毒酒精
- 包布湯匙

step 1

用噴了消毒酒精的擦拭布擦拭

清空冰箱內部後，在擦拭布上噴灑具消臭效果的消毒酒精，角落及小地方也要確實擦拭。

step 2

藏在縫隙的髒汙交給包布湯匙

將吸了消毒酒精的包布湯匙塞進縫隙間，就能清除橡膠墊圈縫隙的髒汙。

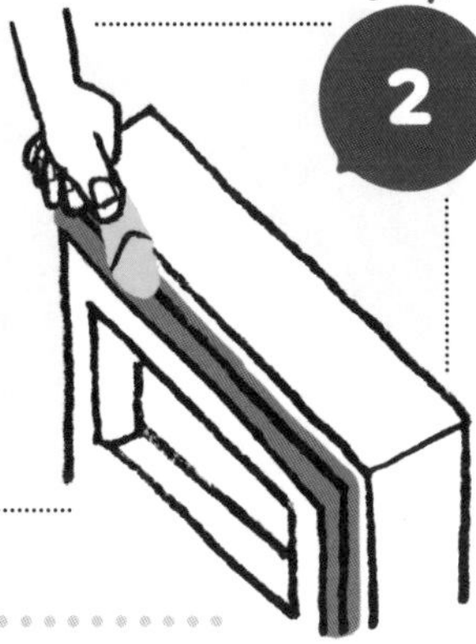

包布湯匙的製作方式

將舊T恤之類的布剪成長、寬10㎝大，包住湯匙的匙斗。在另一條擦拭布上噴灑消毒酒精，以湯匙抵住擦拭布，吸取酒精。

06 為打掃廚房畫下完美句點 廚房牆壁、地板

4分鐘 廚房的牆壁

道具
- 小蘇打水
- 擦拭布
- 格子狀海綿
- 舊T恤

擦掉牆壁上的各種痕跡 恢復清潔的樣貌

廚房的牆壁及地板是在清理完水槽、冰箱、瓦斯爐等物品後才打掃。打掃時噴濺的水滴等也要清除乾淨。

step 1

用擦拭布擦拭牆壁

在擦拭布上噴灑小蘇打水，由上往下沿固定方向擦拭牆壁。建議從容易被油及調味料噴到的瓦斯爐附近開始擦。

step 2

接縫及瓷磚縫也要清乾淨

用噴了小蘇打水的格子狀海綿清理牆壁的接縫及瓷磚縫，再換一條擦拭布濕擦，最後用捲成球狀的舊T恤乾擦。

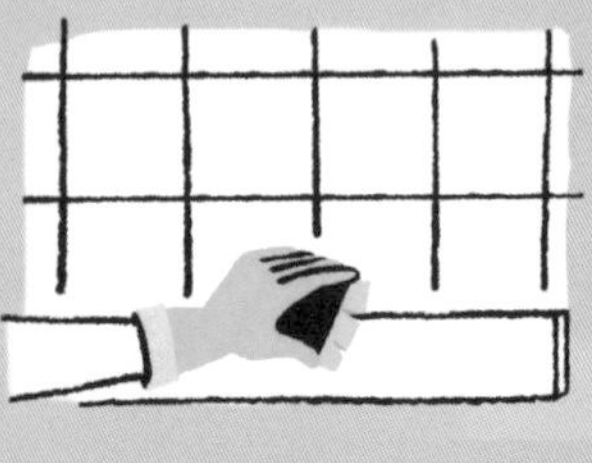

4分鐘

廚房地板

細小碎屑用布包牙籤掏出來

道具

- 抹布
- 消毒酒精
- 布包牙籤

step 1

用抹布擦拭地板

在抹布上噴灑消毒酒精，沿固定方向擦拭，順著木紋擦就不會有地方沒擦到。地板縫隙間的碎屑可以用布包牙籤掏出來。

布包牙籤的製作方式

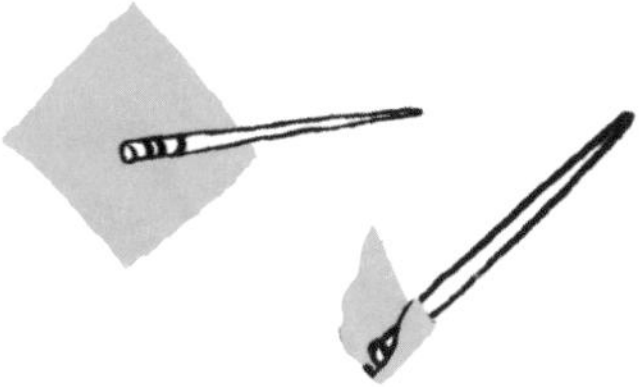

將舊T恤之類不會起毛的布剪成長、寬5㎝大，包住牙籤尾端。由於有布當作緩衝，掏出深入地板縫隙的碎屑時，就不會刮傷地板。

mini Column

用不到的舊布很適合乾擦及收尾擦使用

舊T恤等已經用不到的舊布由於穿著、使用很久了，不會起毛，非常適合用來乾擦及收尾擦。

4分鐘 垃圾桶

用酒精與小蘇打徹底殺菌、消毒

道具

- 棉紗手套抹布
- 消毒酒精
- 報紙
- 小蘇打粉

step 1

報紙可用來消臭、除濕

棉紗手套抹布上噴灑消毒酒精，依蓋子→外側→內側的順序擦拭，將報紙鋪在底部。

用小蘇打阻斷惡臭！

小蘇打粉對於惡臭十分有效

覺得垃圾會發臭的話，可以在底部的報紙上撒些小蘇打粉，再將垃圾袋裝入桶中，藉由報紙及小蘇打除濕、防止惡臭。小蘇打與報紙建議每週更換一次。

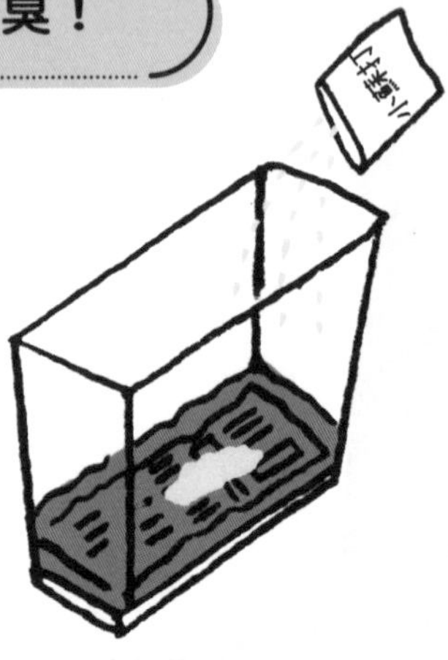

1分 麵包機

道具
・海綿 ・棉紗手套抹布
・擦拭布 ・小蘇打水

棉紗手套抹布清理內部

外層用噴灑小蘇打水的海棉擦拭後，再以擰乾的抹布濕擦。內部則用棉紗手套抹布擦拭。

1分 熱水瓶

道具
・棉紗手套抹布
・消毒酒精

別忘了清潔提把

用噴灑了消毒酒精的棉紗手套抹布擦拭提把及表面，蒸氣孔等部位可以用手指擦拭。

4分 微波爐

道具
・小蘇打泥 ・海綿
・布包湯匙

布包湯匙很好用

以海綿挖取小蘇打泥抹上布包湯匙，用湯匙刮除固體汙漬及噴濺四散的湯汁。

1分 電子鍋

道具
・擦拭布 ・消毒酒精
・棉紗手套抹布

擦拭布搭配棉紗手套抹布

外側用噴灑了消毒酒精的擦拭布擦過後再乾擦。內蓋及蒸氣孔等用棉紗手套抹布擦拭。

1分 抗菌砧板

道具
・小蘇打泥
・海綿

交給小蘇打泥

取彈珠大小的小蘇打泥放在砧板中央，用海綿一面抹開一面摩擦後沖水洗淨。

如何將小蘇打用於打掃

常備於家中

小蘇打是對人體無害的天然物質，食品級小蘇打還可以用來做菜，家中有小朋友或寵物的話也可以安心使用。小蘇打屬於弱鹼性，對於油汙及皮脂十分有效，打掃廚房及浴室時很好用，簡直就像有魔力一樣！粉末狀態直接使用，或調成小蘇打水、小蘇打泥都可以。以下會介紹幾種日常生活中實用的應用方法。

粉末狀態可以這樣用

清潔無法水洗的填充玩偶

將填充玩偶裝到塑膠袋內，再放入約30g的小蘇打粉。綁住袋口上下搖晃後，靜置2～3小時，從袋子裡拿出玩偶並拍掉小蘇打。小蘇打能夠中和髒汙，並分解臭味的源頭。

直接灑在廚餘上

廚餘會產生臭味並招來果蠅，但只要在廚餘上灑小蘇打，就能阻絕討厭的氣味！小蘇打同時還有除濕效果，會吸收水分。夏天或天氣熱時用報紙將廚餘包起來效果更好。

小蘇打水是打掃廚房的好幫手！

裝到噴霧瓶中使用

廚房的抽油煙機或微波爐內部等有油汙的地方，將小蘇打與水以1：9的比例混合成小蘇打水，噴在抹布上擦拭後再濕擦就能清乾淨。小蘇打如果沉澱了，使用前要搖均勻。

頑強的油汙
交給小蘇打泥

小蘇打與水以6：4的比例調配成的小蘇打泥再混合洗碗精的話，威力更強。瓦斯爐的焦痕、牢牢黏在微波爐內的汙漬等頑強的油汙都能輕鬆去除，讓人心情暢快！

01 用Bears流「貼布」擊退徽菌 解決惱人的徽菌

清除黴菌

徹底排除黴菌源頭

黴菌可說是浴室的天敵，遇到發霉時
要用除霉清潔劑根除黴菌，防止再次發霉。
再來就是得勤加打掃，維持清潔！

Rule 01

除霉清潔劑刺激性強，打掃時要戴橡膠手套

除霉清潔劑具有強烈刺激性，打掃時一定要戴橡膠手套，以避免接觸到手或眼睛。

Rule 02

容易聚集髒汙的蓮蓬頭軟管、浴室門就交給「貼布」

噴了除霉清潔劑後，可以蓋上保鮮膜或廚房紙巾，鎖住清潔劑的成分。接下來靜置5～15分鐘。

Rule 03

洗髮精罐等物品要勤加維持乾燥

洗髮精罐等物品常會被水噴濕，容易孳生黴菌，因此要用改善空氣流通、擦乾水滴等方法改善。

用Bears的絕招「貼布」解決黴菌！

用除霉清潔劑＋保鮮膜等材料做成的貼布蓋住5～15分鐘，
就能將浴室門、牆壁、軟管上的黴菌清乾淨。
上述時間只是建議，可以視家裡發霉的狀況自行調整。

step 1

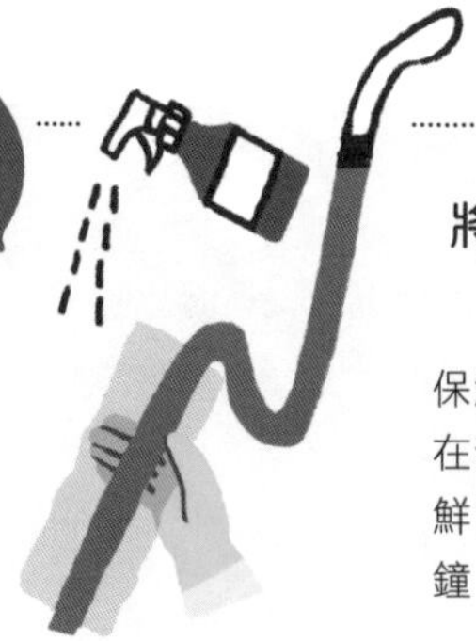

將蓮蓬頭軟管的黴菌清乾淨

保鮮膜墊在發霉部分下方，然後在發霉處噴灑除霉清潔劑。以保鮮膜包住軟管，靜置5～15分鐘。時間到了以後用水沖洗。

step 2

去除牆壁的黴菌

直接朝發霉處噴灑清潔劑。用保鮮膜蓋住噴了清潔劑的地方，靜置5～15分鐘後沖洗。

step 3

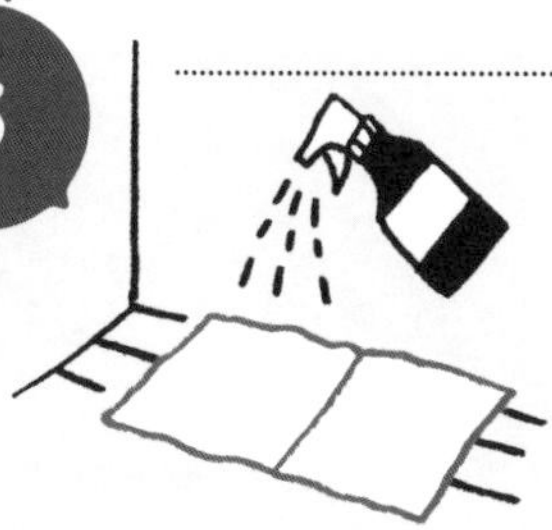

浴室門溝

廚房紙巾緊貼著浴室門溝的縫隙鋪放，然後噴灑除霉清潔劑。靜置5～15分鐘後，用紙巾擦去髒汙再濕擦。

02

各種浴室用品

浴室用品的髒汙也可以靠浸泡靜置瓦解

用浴缸浸泡靜置

將水勺、浴室椅等連同浴缸一起清乾淨！

趁洗澡水還有熱度時，朝浴缸內噴灑浴室清潔劑，

並將浴室用品放進浴缸內浸泡靜置，瓦解髒汙。

step 1

重點瞄準交界處

趁洗澡水還有熱度時，沿著最容易髒的水面交界處噴浴室清潔劑，在有泡沫時放入水勺等物品浸泡靜置。

step 2

靜置約30分鐘

小朋友的洗澡玩具等不易清洗的物品，也可以泡入洗澡水中。經過約30分鐘後再取出沖洗。

step 3

最後再用海綿刷洗

一面排掉洗澡水，一面用海綿輕輕刷洗浴缸，不需要用力就能將皮脂汙垢等刷掉。最後用蓮蓬頭沖洗便大功告成！

浴室置物架

浴室收納空間的防霉是一大課題

洗髮精罐的底部、沐浴巾之類的物品
動不動就發霉相信是許多人共同的困擾。

Point

蓮蓬頭一定要掛在高處。避免軟管接觸到地面，就能減少發霉的機率。

Point

直接放在架子上，就會容易產生黏液或發霉。時不時去擦拭的話相當累人，因此建議使用可以瀝水的架子來收納。

Point

濕的沐浴巾直接放在浴室的話，會孳生黴菌、細菌。除了確實擰乾，也要勤加清洗。另外就是多拿出去曬太陽殺菌。

03 讓浴室每個角落都亮晶晶
鏡子、排水口、水勺、浴缸

4分 鏡子

道具
- 絲襪球
- 去汙劑
- 舊T恤
- 抹布

step 1

用絲襪球擦拭

在絲襪球上倒適量的去汙劑擦拭。

step 2

以畫圓的方式擦

不需要用力，以畫圓的方式擦拭，再用水沖洗，然後以抹布乾擦。用舊T恤之類的布由上往下收尾擦拭，會更加潔淨美觀。

4分 排水口

道具
- 小蘇打粉
- 醋

step 1

倒入小蘇打

排水口直接倒入10～15ｇ左右的小蘇打粉，粉的量只要抓個大概就好。

step 2

接著倒醋

倒入適量的醋，小蘇打便會與醋反應，產生氣泡。過2～3分鐘後再沖水。

4分 水勺等

道具 ・廚房紙巾 ・醋水 ・食品用保鮮膜

step 1

噴灑醋水

取出經過浸泡靜置的水勺等沖洗。帶有髒汙的部分用廚房紙巾包住，噴灑醋 4：水 6 的醋水。

step 2

搭配保鮮膜貼布

噴過醋水的地方蓋上保鮮膜，防止醋揮發。過 20～30 分鐘後拿掉保鮮膜，用水沖洗乾淨。

1分 浴缸

道具 ・海綿 ・浴室清潔劑

step 1

輕輕刷洗即可

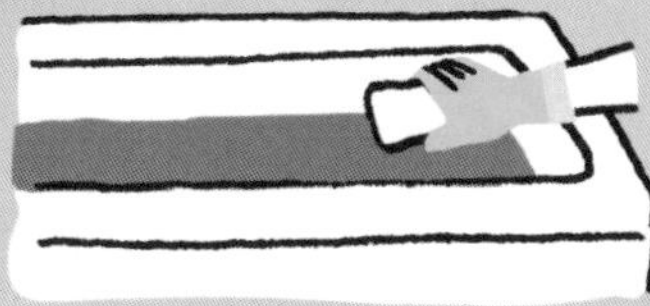

趁洗澡水還有熱度時噴了清潔劑後（p60），接下來只要用海綿刷洗即可。一面排掉洗澡水，一面刷掉浴缸的水垢，然後再以蓮蓬頭沖洗。

04 天花板、換氣扇

別忘了打掃天花板、換氣扇

8分鐘 天花板

天花板也要仔細檢查

道具

- 除塵拖把
- 棉紗手套抹布
- 濕紙巾或抹布

step 1

出動除塵拖把

除塵拖把在這時也能派上用場！裝上濕紙巾或抹布濕擦後，再用乾的紙巾乾擦是最理想的。

step 2

打掃換氣扇

拆下蓋子，用棉紗手套抹布擦掉葉片的髒汙。如果裝有可拆卸的濾網，記得拆下濾網清除灰塵。換氣扇建議約半年打掃一次。

mini Column

小心天花板發霉

最好半個月檢查一次天花板是否有發霉。如果發霉了，就用除霉清潔劑和除塵拖把清除。

打掃整體衛浴

洗完澡後
要沖洗浴缸及牆壁

不要放著沐浴乳及皮脂汙垢四處噴濺的狀態不管，洗完澡後用熱水沖洗整間浴室。接下來再沖冷水，就能相當程度減少黴菌及髒汙。

整體衛浴
容易累積濕氣

整體衛浴容易累積洗完澡後的濕氣，因此尤其要注意空氣流通與發霉問題，以下會介紹打掃時的重點。

避免將牙刷等物品
放在浴室內

為了保持清潔，牙刷、洗面乳等物品應避免放在浴室內。建議在門口或其他位置設一個專門擺放的地方，要用的時候才帶進浴室。

浴簾

浴簾很容易成為孳生黴菌的溫床，因此洗完澡後要採取①用蓮蓬頭沖掉髒汙；②用夾子等夾住，避免接觸到地板；③盡可能拉開來以利乾燥等措施防範。

換氣扇
要24小時打開

換氣扇就算24小時都開著，電費也不過幾百圓而已，因此建議換氣扇就開著不要關，以避免發霉、結露。另外也要記得開門維持空氣流通。

01 從源頭阻斷異味

用貼布瓦解髒汙

準備工作

道具

- 廁所清潔劑
- 捲筒衛生紙

如果已經累積了髒汙…

用廁所清潔劑與衛生紙

做成貼布，瓦解髒汙

step 1

用廁所清潔劑製作貼布

撕一長段捲筒衛生紙，沿著邊緣鋪在馬桶內，然後噴灑廁所清潔劑，靜置約10分鐘。

step 2

瓦解髒汙

以上述方法做成的貼布能夠瓦解頑強的髒汙。但要注意，廁所清潔劑噴太多的話，衛生紙會因為清潔劑的重量而掉落。

mini Column

每天順手擦一下

馬桶及廁所地板記得每天一次順手擦一下，能防止髒汙愈黏愈牢，打掃時會輕鬆許多。

02 讓廁所徹底恢復清潔

小蘇打、棉紗手套抹布大顯身手

15分鐘 整間廁所

建立有效率的步驟

道具
・小蘇打泥
・海綿
・牙刷

等待貼布瓦解馬桶髒汙時，
可以趁機打掃等間廁所。
按照以下步驟進行會更有效率。

step 1

水箱以小蘇打泥清潔

水箱上方若有做水龍頭和水槽，放一些小蘇打與水以6：4的比例混合成的小蘇打泥，再用軟的海綿輕輕刷。

step 2

用牙刷清潔容易卡汙垢的部位

水龍頭底部容易累積水垢，可以用牙刷沾小蘇打泥刷掉。刷去髒汙後，再用另一塊沾水的海棉擦拭。

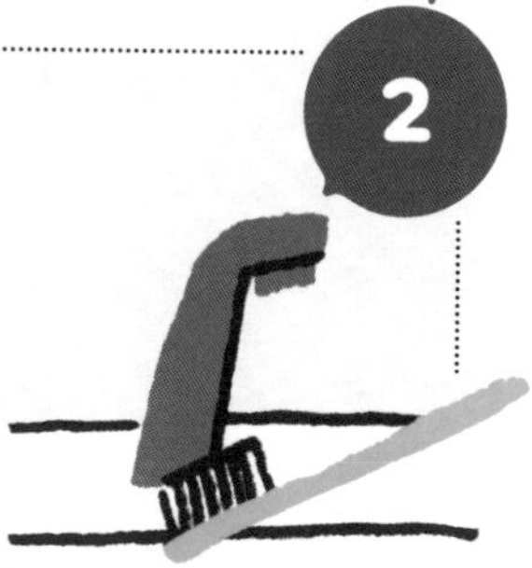

請繼續看下一頁

道具

・抹布
・麻花辮絲襪
・香氛酒精

step 3

讓水龍頭亮晶晶

用乾抹布乾擦水槽後，再左右拉動麻花辮絲襪，將水龍頭擦到亮晶晶。

step 4

用抹布擦拭噴濺到牆壁的汙漬

香氛酒精（p41）不僅能消除討厭的氣味，還具有殺菌效果。將香氛酒精噴在抹布上，由上往下沿固定方向擦拭牆壁，就能確實消臭、除菌。

step 5

地板、馬桶前緣

用噴了香氛酒精的抹布擦拭地板。馬桶附近尤其容易弄髒，要好好擦乾淨。肉眼雖然看不見噴濺到馬桶外的尿液，但會產生臭味。接下來再擦乾淨容易有髒汙附著的馬桶前緣，確實除菌。

道具

・棉紗手套抹布
・香氛酒精

mini Column

布製品要勤於除菌、消臭

馬桶刷、拖鞋、腳踏墊等要多拿出去曬太陽，馬桶座墊套也要勤加清洗。

step 6

用棉紗手套抹布清潔廁所用品

棉紗手套抹布雙手都噴灑香氛酒精，然後擦拭捲筒衛生紙架。小地方的灰塵用手指清掉。

step 7

清潔垃圾桶

垃圾桶同樣用棉紗手套抹布清潔。凹凸不平處就用手指確實清除灰塵、髒汙。整個垃圾桶都要記得擦到。

請繼續看下一頁

道具

- 棉紗手套抹布
- 廁所清潔劑
- 牙刷
- 香氛酒精
- 馬桶刷

step 8

別忘了清潔噴嘴

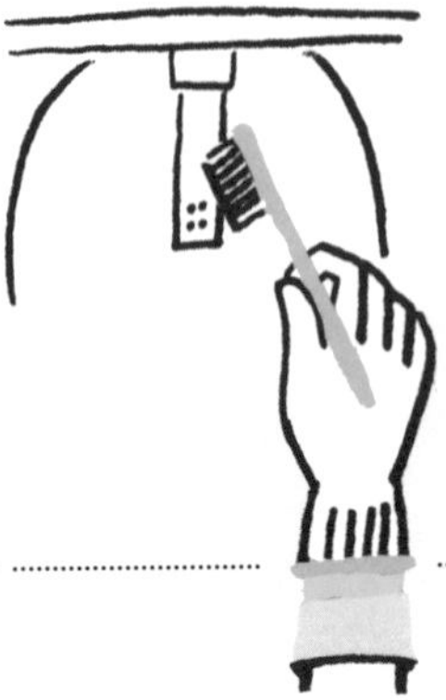

若要清潔免治馬桶的噴嘴，可在棉紗手套抹布的右手噴廁所清潔劑擦拭，再以左手乾擦。擦不掉的髒汙則用牙刷沾廁所清潔劑刷掉，然後乾擦。

step 9

清理水箱與馬桶間的縫隙等

馬桶的細微部分及縫隙、凹凸不平處同樣用噴了香氛酒精的棉紗手套抹布清潔。由於容易累積細小的汙漬及灰塵，要確實擦乾淨。

step 10

刷不到的地方也徹底清乾淨

馬桶的邊緣內側等馬桶刷沒辦法刷到的地方，就用棉紗手套抹布的手指部分清理。擦過一圈後，用馬桶刷輕輕刷馬桶內，然後沖水洗淨。

Part 1 打掃 房屋外觀

01 玄關的髒汙與濕氣要特別注意

玄關會決定一個家給人的印象！

8分鐘 玄關

道具

- 報紙
- 掃把
- 抹布
- 小蘇打粉
- 香氛酒精

乾淨的家也要有乾淨的玄關！

玄關很容易出現
灰塵、沙子等外來的髒汙。
濕氣也是另一項需要注意的重點。

step 1 用報紙清掃玄關穿鞋處

將報紙撕開揉成手掌大小的球狀，沾水並稍微捏乾後撒在地面，再用掃把掃在一起。濕報紙會吸附細小的灰塵。

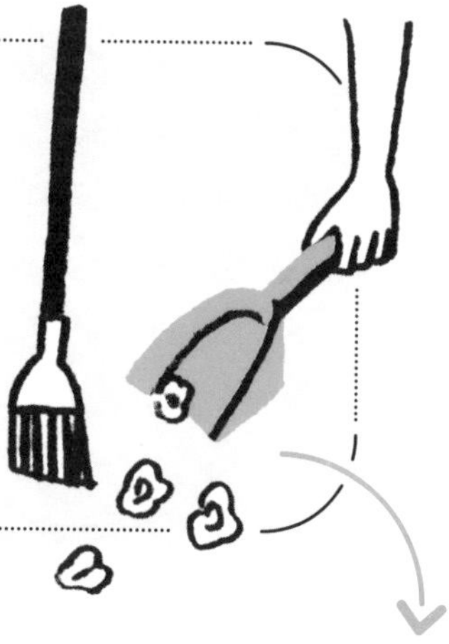

step 2 鞋櫃要注意通風

鞋櫃會孳生黴菌及細菌。清潔方式為拿出鞋子，用噴了香氛酒精的抹布擦拭內部。擺放裝有小蘇打粉的小碟子，可以除濕、除臭。

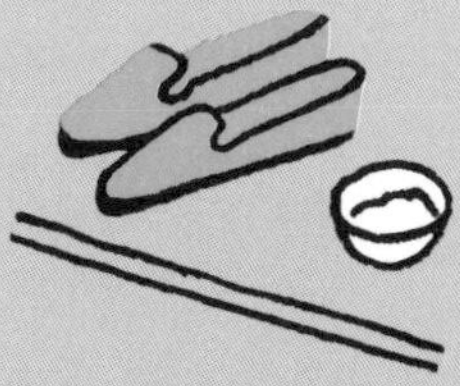

02 玄關門&門外

5分鐘 門&門外

道具

- 棉紗手套抹布
- 居家清潔劑
- 香氛酒精
- 棉花棒扇
- 抹布

確實清除手垢及灰塵等髒汙

step 1

用棉紗手套抹布清理門把

用棉紗手套抹布擦拭門把及門鎖。若覺得特別髒的話，可以一手沾居家清潔劑擦拭，另一手乾擦。

step 2

門扣就用手指抹乾淨

門扣等小部件連同門的表面一起擦拭乾淨。灰塵以手指部分清除。

step 3

用棉花棒扇清潔擦拭

對講機的縫隙用噴了香氛酒精的棉花棒扇清潔擦拭。然後再用抹布乾擦整台對講機。

陽台

將泥巴及水痕清乾淨

陽台容易因為風吹雨打而留下
泥巴及水痕，建議挑選時機一次清理乾淨。

step 1

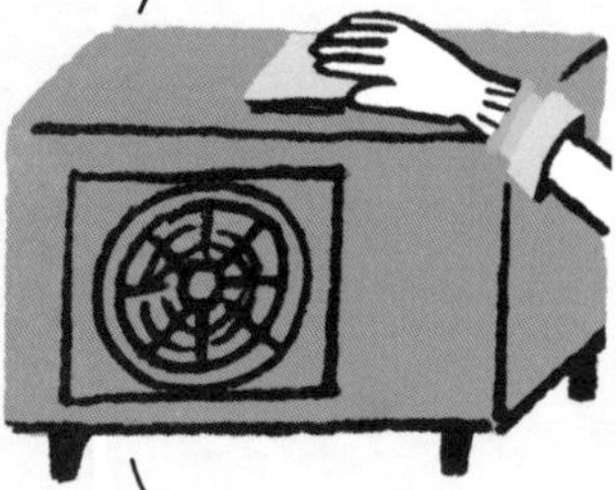

冷氣室外機的髒汙

用掃把掃落堆積在冷氣室外機濾網的灰塵及沙子。泥巴形成的髒汙則沿固定方向依濕擦→乾擦的順序清除。

step 2

嚴重的髒汙用小蘇打清除

陽台及室外的地板如果有地方特別髒，可以撒上小蘇打粉再用刷子刷，之後用水將小蘇打沖乾淨。扶手則是濕擦後自然風乾。另外記得檢查水溝中有沒有積垃圾。

mini Column

陽台建議在雨天打掃

尤其如果沒有排水口的話，雨天打掃比較不會造成鄰居的困擾。

Bears流
省時密技彙整

Point 1

維持空氣流通
也是重要的清潔工作！
就算再忙碌
至少也要做到這一點。
空氣流通可以減少濕氣，防止發霉！

Point 2

用棉紗手套抹布
就能輕鬆清除
室內灰塵！

Point 3

家中記得常備小蘇打。
除了鞋櫃、垃圾桶等的
異味、濕氣、油汙，
家裡所有地方
都用得到！

Point 4

平時勤於順手清理，
避免水槽等地方
累積髒汙。
每天花一點時間
就能有效維持清潔。

Point 5

浴室內的用品、
小東西最好掛起來，
避免黴菌孳生。

Point 6

廁所的汙垢如果沾到
灰塵會很麻煩。
使用完順手清一下就能
輕鬆去除！

Part 2

收納

將四散的物品迅速收整齊

收納最大的重點是「使用方便性」。因此，收納首先要從「將物品控制在適當數量」做起。

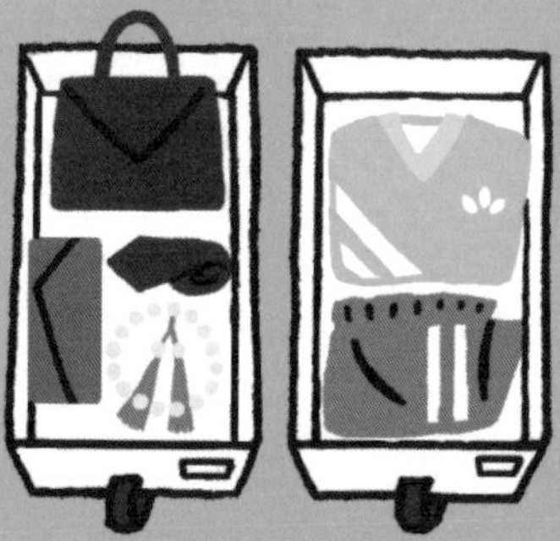

先從「將物品控制在適當數量」做起

與收納有關的困擾，絕大多數都是因為「家裡的東西太多」而來的。相信讀者之中應該也有人為了「家裡到處都是找不到地方收的東西，看了就心煩，而且很難打掃」、「收納空間塞滿了東西，裡面的東西很難拿出來」而苦惱。

想根本解決這類困擾及問題的話，在尋找便利道具增加收納數量、思考有效率的收納方式之前，更重要的是減少物品的數量。日文有一個詞叫「整理整頓」，應該要先做好「整理」（區分出需要的東西與不需要的東西，減少物品的數量），再來進行「整頓」（將物品放在適當的位置）。

82～83頁會具體說明如何減少物品，但或許不少人都覺得：「雖然知道方法，但重要的東西太多了，實在捨不得丟掉。」當然，你不必硬要丟掉自己認為重要的東西。若覺得喜愛或慣用的物品圍繞在身邊是一種幸福的話，不用為了丟

而丟。但家裡如果到處都是可有可無、對於自己幸福與否不會產生影響的物品，就還是得進行「整理」。

決定要丟還是要留的基準，是「心裡有沒有感覺」。將每樣東西一一拿在手上（衣服的話可以站在鏡子前面穿起來），這時候心裡如果出現「喜歡」、「開心」等情緒，就可以留下這個東西，找地方收好。相反地，無法讓內心有感覺的東西，尤其是最近一年都沒拿出來用過的東西、之後應該也沒有機會出場的東西，就不需要猶豫，可以丟掉了。

另外，將塵封已久的物品拿出來一一檢視的話，往往會發現這些都是留有汙漬的衣服、穿起來不舒服的鞋子、已經不適合背出門的包包、過時的家電之類，再也不會用到的東西，終於能下定決心丟掉。

大家不妨用「減少數量」的角度重新盤點一下家中的物品。

最重要的一點是「使用方便性」

結束「整理」後，接下來要將物品放到適當的位置，也就是「整頓」。

收納物品時，最該優先考量的是「使用方便性」，要讓物品用起來方便，則得考慮以下兩個條件：①收納的地方要在使用的地方附近，②把東西拿出來或放回去都可以一次完成。

舉例來說，平時都是在客廳做縫紉的話，縫紉用品就收納在客廳。

最好可以決定家中所有物品的「家」（擺放位置），並讓全家人知道，這樣就能減少找不到東西的狀況，也不會不知道東西該收到哪裡。家裡有小小孩的話也可以在每個地方貼上標籤，註明這裡是放什麼東西的，幫助辨識。

另外，使用的地方如果是固定一處的話，基本上東西也只要一個就夠了。但文具、烹調器具、餐具之類的物品常會在不知不覺間購買，或是有人贈

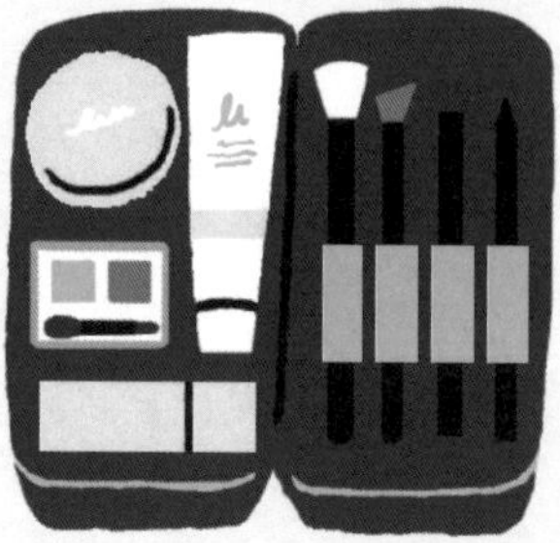

送，一不留神就多了起來，最後變得沒有地方收納。因此最好重新確認一下，這類物品的數量是否已經超過正常所需了。

收納的另一個重點是好拿、好收。如果為了拿一樣東西，得先將其他物品移開、再歸位的話，用完後要放回去就成了一件麻煩事，最後乾脆不收了。這種情況若是愈來愈多，家裡就會變亂。舉例來說，抽屜裡面可以區分成許多格，一格就只放一樣東西，最多兩樣。重點在於拉開抽屜時可以一眼看出每樣東西放在哪裡。儲藏室的話，則是將常用到的東西靠外面放，方便拿取。

收納空間常見的問題是東西塞得太滿，因此每個收納空間最好可以維持保有三成，最多大約四成的空位。這樣就能看清楚收納空間裡的所有物品，拿東西時也不會困難重重。

「風格一致」就會顯得整齊、俐落

明明有把東西收好，可是不知道為什麼，屋子裡看起來就是亂糟糟。

你是否也有這種困擾？

這種情況往往是「風格不統一」造成的。

所謂的風格是指外型、材質、顏色。排在一起的櫃子有的是黑色，有的是咖啡色、象牙白……顏色不一，或者沒有光澤的木製家具與亮光木紋貼皮的家具混搭的話，家裡一定會讓人感覺雜亂無章。

同一個空間裡若同時存在不同風格的裝潢、家具，氣氛便不一致，置身其中也會讓人感覺靜不下心。

這裡建議的解決方法是，每一個區域的收納採用一種主題風格。例如，客廳的收納走「度假飯店風」，盥洗空間走「法式風」，廁所走「自然風」，寢室則是「單色系」等，事先決定好每個空間要打造出何種氣氛，各種物品的外型、顏色、質感便會自然而然

一致。當然，也可以所有空間統一採用相同風格。

不知道該挑選哪種風格的話，「一律都用白色」也是一種方法。就算收納道具的形狀、大小、質感不一，只要全都是白色的，看起來就會俐落簡潔。

另外，「文件紙張全收進白色檔案夾」、「衣櫥內全都用帆布材質的收納道具」這種「一律使用相同收納道具」的方法，不僅執行起來簡單，在視覺上也能顯得清爽俐落。

要做到以上所說的，並不需要花大錢。就算只是用相同顏色的布蓋起來，或買噴漆、油漆重漆收納家具，讓整體顏色一致就能輕鬆打造統一風格。百圓商店、大賣場、居家用品賣場都能便宜買到各種顏色、材質的收納家具或用品，有空時不妨去這些地方逛逛，一點一滴慢慢為家中各個區域的收納空間建立統一的風格。

01 打掃也會更輕鬆 認真面對「減少物品」這件事

決定物品去留

不減少物品就會沒地方收

「家裡太亂」最大的原因往往是「東西太多」。首要目標是將沒地方收而散落在外的物品減量原本的1.5～2倍。

Rule 01

替家裡拍照 將問題「視覺化」

將室內空間拍起來，以便客觀評估現狀。這樣會更容易掌握物品的去留、收納的過與不足之處等現階段的課題。

Rule 02

先將所有收起來的東西全部拿出來

先將所有東西都拿出來，清空收納空間。只選出有需要的物品留下，從頭重新思考如何擺放才好使用。

Rule 03

只留下「有感覺的東西」其餘全部丟掉！

決定物品去留時，如果拿在手上時「心裡沒有什麼特別的感覺」，而且已經超過一年不曾使用，基本上就可以丟了。

減少物品的三個步驟

以下介紹的三個步驟，
可以幫助你提升決定物品去留的效率。
先選定一個地方，然後開始動手進行吧。

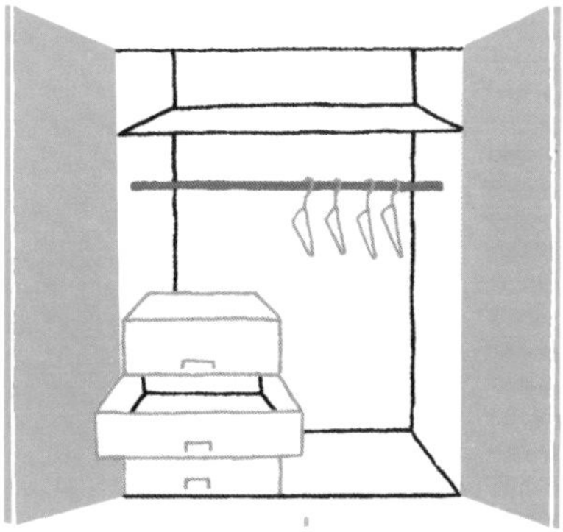

Step1

將收納空間中的物品全部拿出來，同時分類是家中哪個人的東西，例如「老公的東西」、「老婆的東西」。

Step2

物品的主人各自決定哪些要丟、那些要留。無法判斷的東西就先歸類為「暫留」。

Step3

將「暫留」的物品穿起來或拿在手上，問問自己：「是否有開心的感覺？」多花些時間想也沒關係！

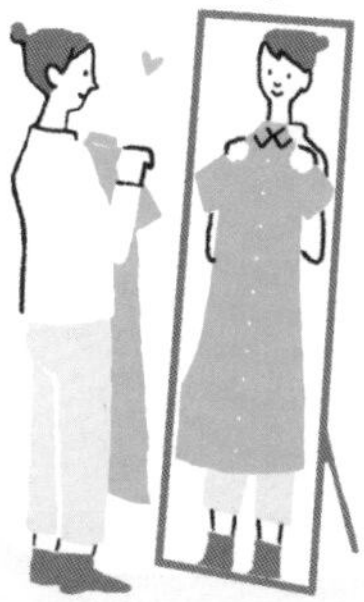

減少各類物品的訣竅

Point 1

決定要留多少
將數量控制在範圍內

紙袋、塑膠袋等容易不小心囤太多的物品，可以設定好標準數量，超過的就丟掉。

Point 2

碗盤盡量選擇適合各種用途的

碗盤如果都選用「白色橢圓盤」之類多用途、造型簡潔的款式，就能將數量減到最少。

Point 3

有紀念性的就拍完照後丟掉

小孩子畫的畫、旅行紀念品之類的東西在緬懷一番並拍照留存後即可丟棄。

Point 4

家電的說明書以資料形式保存

家電的說明書不用留下。有需要時就上廠商的官網查詢或下載PDF檔。

Point 5

衣服盡量「制服化」

還能節省穿搭時間！

衣服以挑選好搭的白色、深藍色基本款為原則，做到制服化，就能將數量減到最低。

Point 6

寢具只需要家中人數的量

寢具很占空間，因此只要留家中人數的量就好。有客人來時可以用租的，或是睡沙發等。

Point 7

化妝用品不要超過一個化妝包

化妝用品只要保留最基本的，將數量控制在平日攜帶的化妝包能全部裝完的範圍內。

Point 8

節慶用品選用迷你尺寸的

聖誕樹或女兒節人偶之類的物品選擇桌子就放得下的迷你尺寸，布置和收納都會輕鬆許多。

02

重點在於好拿、好收
「使用方便性」最優先

注意物品擺放方式

不要讓收納成為負擔

挑選出要留下來的東西後，
要以「使用方便性」為優先重點，
規劃讓東西好拿、好收的收納方式。

Rule 01

所有物品都要有
自己的家
並讓全家人知道

決定家中所有物品的收納位置，並告知家中成員，這樣就不會不知道東西要收在哪裡，也可以避免弄不見。

Rule 02

擺放時所有
物品都要
一目瞭然
避免製造死角！

最理想的收納方式是拉開抽屜或是打開櫃子的門時，能一眼就看出每樣物品的所在位置，避免有東西藏在死角。

Rule 03

一個動作
就能將物品
拿出來、收起來

設法讓每樣物品都能直接拿出來，而不需要移開其他物品、花時間尋找。這樣在收的時候也會更方便。

全家人一起思考「怎樣做才方便」

**最基本的原則是「把東西收在要用的地方」。
建議全家人一起討論物品要如何收納，
才能讓大家都方便使用。**

Point

物品的「家」要選在方便家中成員使用的地方。

Point

在收納的地方貼上標籤，讓家人知道東西該收在哪裡，避免物品凌亂。

Point

要使用時不需要走到別處就能拿到的話是最理想的！

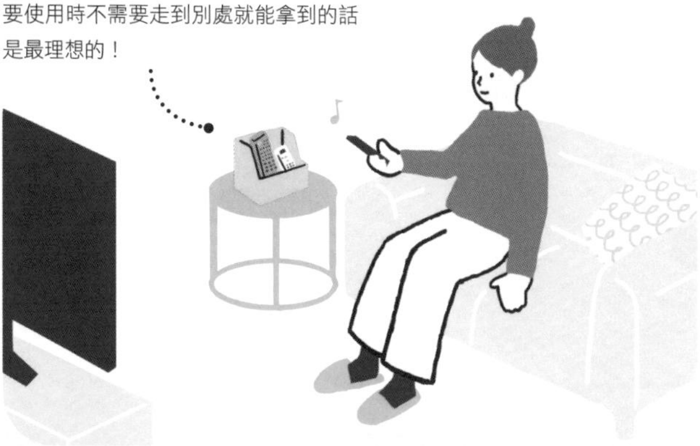

03 用出場頻率當基準 收納方式決定了使用方便性！

依出場頻率 決定衣物如何擺放

依照常穿到的衣服、偶爾會穿的衣服、一年穿不到幾次的衣服分類，愈常出場的衣服放在愈容易拿的地方。

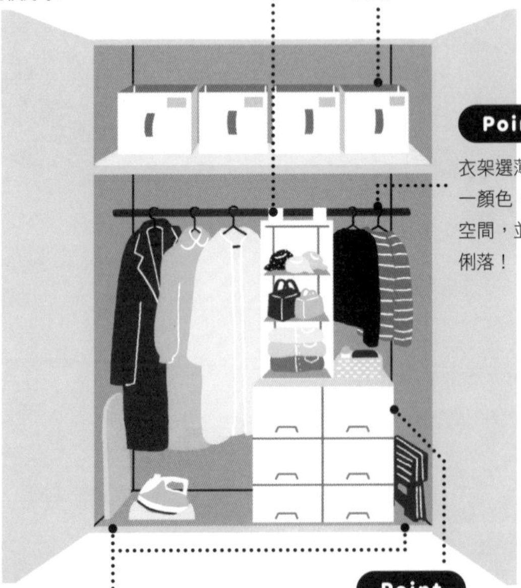

Point
最常穿到的衣服及首飾配件，收在最容易拿的中央位置。絲巾、包包、T恤等放在懸掛式收納袋也會比較好拿。

Point
一年穿不到幾次的衣服放在布製收納盒裡，收到衣櫃上層。附手把的收納盒會比較好拿。

Point
衣架選薄一點的並統一顏色，就可以節省空間，並更顯得簡潔俐落！

Point
腳凳及熨斗收在衣櫃內以便使用。

Point
偶爾會穿到的衣服收在衣櫃下半部的抽屜收納箱裡。建議貼上標籤註明裡面放的是什麼。

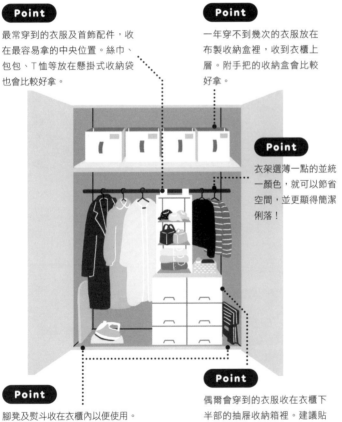

衣物收納的訣竅

point 1

抽屜內的衣服
捲起＋立起來

抽屜裡面的衣服捲起來或立起來收納，不僅可以增加收納量，而且所有衣服全都一目瞭然。

point 2

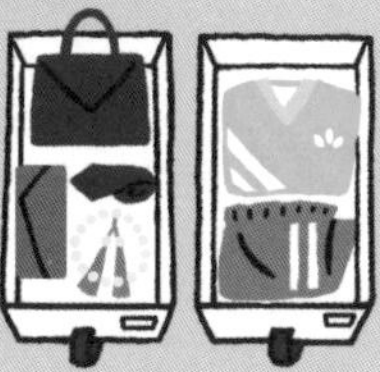

依照用途
分門別類

依婚喪喜慶、運動時穿著的衣物及毛巾等不同用途分門別類集中收納。

point 3

收納空間的正面
營造出簡潔感！

半透明的抽屜收納箱正面可以用白紙或白色的板子擋住，讓衣櫃內部更顯得簡潔。

point 4

整套配好的衣服
一起收納

上衣和裙、褲、首飾配件等搭成一整套的衣服收納在一起，可以節省出門前的準備時間！

04 客廳收納的重點

依物品決定收納的原則

每個人都會用到客廳 因此更應該制定出明確的規則

客廳是全家人共同使用的空間，
因此要確實讓家中成員知道
每樣東西放在哪裡、該收到哪裡。

Point 1

書架的整理訣竅是書背朝前、照高度排放

書本依高度排列，並讓書背對齊書架前緣，看起來就會非常清爽整齊！如果特別中意某本書的封面，可以將封面朝外展示。

Point 2

與小孩相關的文件用檔案盒分類收納

信件、練習卷之類的學校相關文件用檔案盒分類收納就不會弄亂，而且方便搬運！檔案盒貼上標籤的話更有助於辨識。

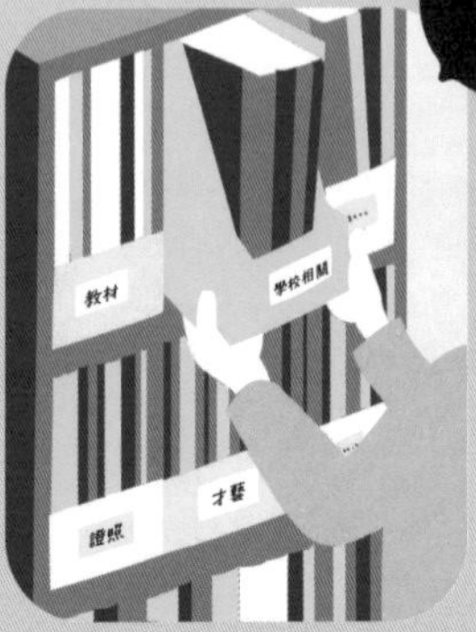

Point 3

玩具只要堆進籃子裡就好

小朋友的玩具可以準備幾個大籃子，依「積木」、「遊戲」等類別收納。如果只是要堆進籃子裡的話，小朋友自己也能辦到！

Point 4

用分成多格的抽屜整理盒收納各種小東西

文具、指甲剪等各種日常用品，就用分成多格的抽屜整理盒收在一起。每格只放一、兩樣東西的話，就能清楚掌握所有物品的位置。

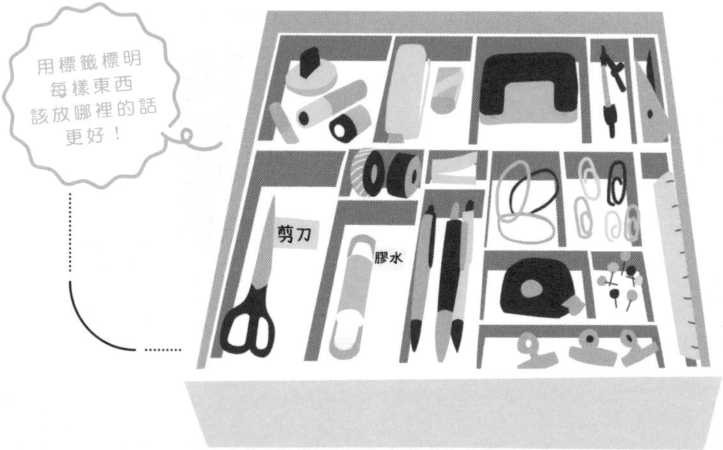
用標籤標明
每樣東西
該放哪裡的話
更好！
剪刀
膠水

05

將家事動線縮到最短！規劃方便作業的收納方式

收納的地方要靠近使用的地方

收納的大原則是「收在使用地點附近」。
爐具下面放鍋具，流理臺下方放會接觸到水的器具，
這樣就能縮短做家事的動線。

Point
為了安全起見，位置較高的吊櫃建議用來收納紙杯、紙盤、便當盒、保鮮盒、乾貨等較輕的物品。

Point
水槽下方適合收納洗菜盆、過濾籃等會接觸到水的器具及砧板、菜刀。洗碗精、海綿的庫存最好也收在這裡。

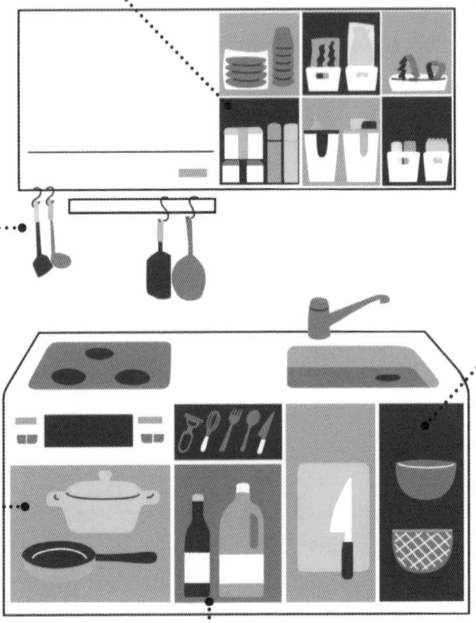

Point
每天一定會用到的烹飪器具可以用掛鉤掛在抽油煙機下方，或在牆壁上裝一支橫桿用來吊掛，要使用時會更順手。

Point
爐具下方收納湯鍋、平底鍋等加熱時使用的烹飪器具。

Point
流理臺下層可以收納有重量的食用油及調味料，上層的抽屜則是收納削皮刀、湯勺等常會用到的烹飪器具。

Point 1

吊櫃內的收納使用附把手的盒子

吊櫃適合收納紙盤、保鮮盒等較輕的物品。如果裝在附把手的收納盒裡，會更方便拿及收。

Point 2

用檔案盒就能做到「站立收納」

抽屜式的收納空間可以利用檔案盒將平底鍋及蓋子立起來收納。

Point 3

有門的櫃子可運用道具輔助！

有門的櫃子可以利用鍋架、蓋架做「站立收納」。常用的東西靠外放，不常用的放裡面。

Point 4

抽屜內的物品要能夠一目瞭然

抽屜整理盒每一格最多只放兩件東西，這樣既方便找也方便拿！

刀叉匙

筷子和湯匙
只要夠用就好

如果家裡有四個人，筷子等餐具只要有四副就好。建議收在放有整理盒的抽屜裡，讓所有東西都清清楚楚看得見。

庫存食品

要能夠知道
「什麼東西放在哪裡」

家中常備的食品可以收在貼有標籤的盒子裡。收納時將罐頭的標籤朝上，就能馬上看出來每種罐頭的剩餘數量。

碗櫥

便利與否的關鍵是
上方要留出空間

為了方便取出靠裡面放的碗盤，每一層的上方一定要保留充足空間。

酒杯

收在檔案盒裡
就不用擔心地震

酒杯雖然容易倒、容易打破，但只要用緩衝材稍微包住再收進檔案盒中，就算遇到地震也不會倒！

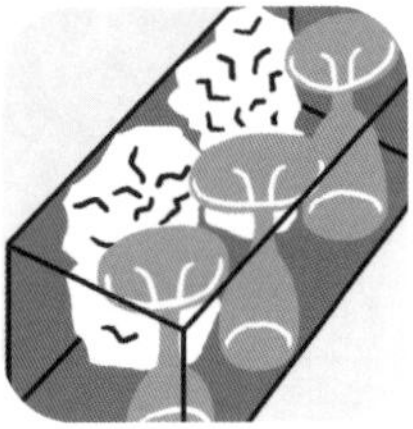

鍋蓋

用鍋蓋架

讓鍋蓋有固定的家

鍋蓋容易倒下又占空間，因此建議在爐具下方的收納櫃門內裝鍋蓋專用的架子來收納，要使用的時候也會更好拿。

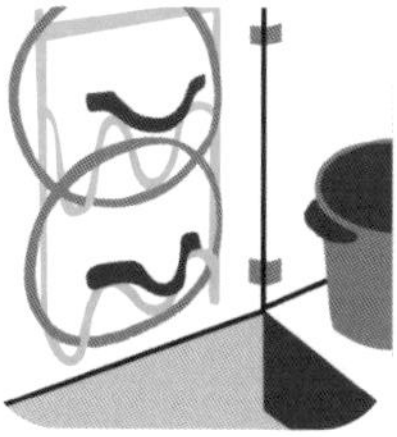

保鮮盒

盒子與蓋子

分開來放

統一使用同種類的保鮮盒，將盒子與蓋子分開來疊放，就能節省收納空間。

垃圾桶

發揮一點巧思

就能同時丟兩種垃圾

垃圾桶內側裝兩個掛鉤，各掛一個垃圾袋的話，只需用一個垃圾桶就能做垃圾分類。垃圾袋則收在垃圾桶底部。

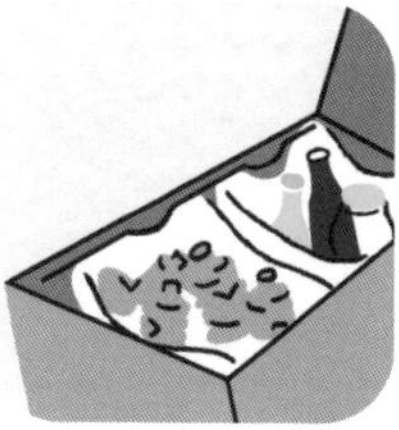

蔬果室

用紙袋做區隔

可以防止弄髒

蔬果室容易被蔬菜碎屑或泥巴弄髒，用紙袋將食材一格格分隔，可以防止弄髒或忘記使用，可説是一舉兩得。

06 用「懸空收納」防止發霉！打掃也會更輕鬆

將接觸面減到最少並改善通風

浴室收納最優先的重點是預防發霉。
「懸空收納」避免了物品與地板接觸，
更容易維持清潔。

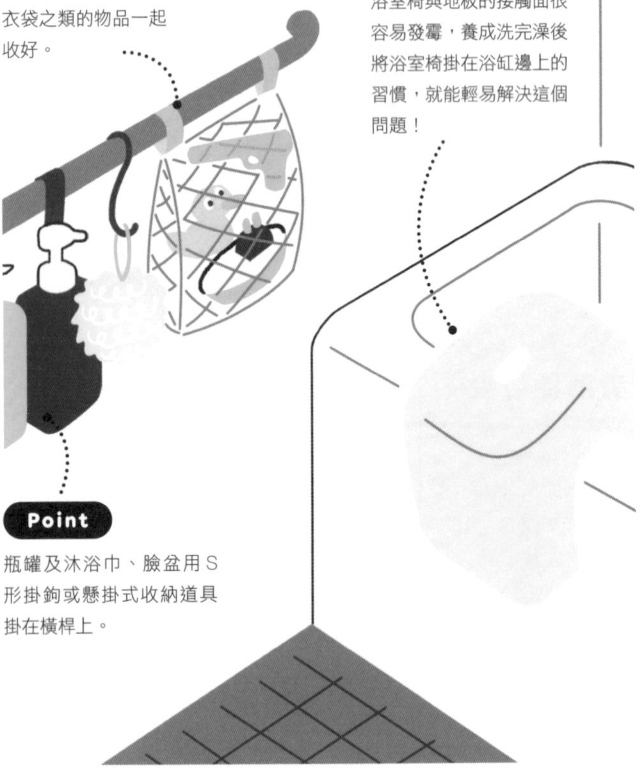

Point
小孩的玩具可以用洗衣袋之類的物品一起收好。

Point
浴室椅與地板的接觸面很容易發霉，養成洗完澡後將浴室椅掛在浴缸邊上的習慣，就能輕易解決這個問題！

Point
瓶罐及沐浴巾、臉盆用S形掛鉤或懸掛式收納道具掛在橫桿上。

Point 1

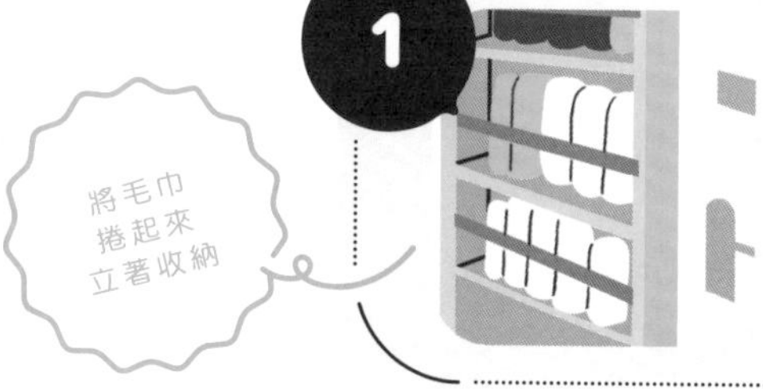

盥洗空間裝設毛巾專用的超薄收納架

如果盥洗空間沒有地方收納毛巾的話，就裝一個縱深只有5㎝的超薄型收納架解決。

Point 2

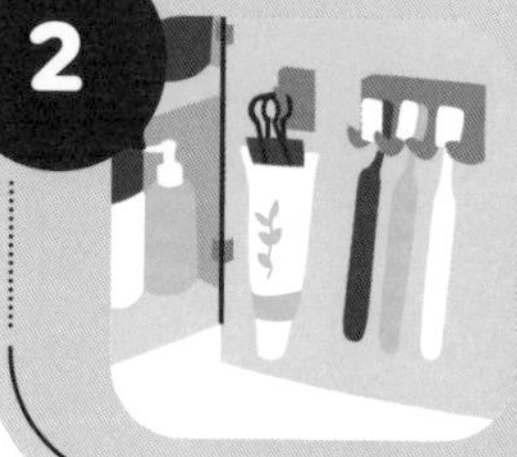

櫃門內側也可以「懸空收納」

在櫃門內側裝上掛鉤、磁鐵，就可以收納牙刷類、拔毛夾之類的小東西。

Point 3

伸縮桿＋托盤可以提升收納力！

洗臉盆下方的空間用伸縮桿卡在排水管的前方與後方，上面擺放托盤，就能收納更多東西。

Point 4

打造個人專屬的洗澡用品組

將家裡每個人的「個人專屬洗澡用品」各收在一個籃子裡，就能防止浴室裡到處都是瓶瓶罐罐！

07

善用道具解決空間問題！外出用品收納在玄關

將單一收納空間
運用到極致！

只要發揮創意將有限空間運用到極致，
就能讓收納空間不足的玄關
變得井然有序！

Point 1

物品備齊在玄關出門準備更加順暢

在玄關放一個盒子，將鑰匙、口罩、購物袋、手帕等物品全部收在一起。由於外出要用到的東西全都備齊了，出門前的準備也更省時、省事！

Point 2

一支伸縮桿收納量就能加倍！

在鞋櫃裡加支伸縮桿，將鞋跟掛在伸縮桿上，鞋子的收納量就能加倍！

Point 3

鞋櫃門內側

加裝拖鞋收納空間

在鞋櫃門內側加裝毛巾架，就能用來收納拖鞋。這樣不但方便拿，也不會妨礙到其他鞋的收納，可說是一舉兩得。如果櫃門較窄，可以配合櫃門寬度將毛巾架裝成斜的。此處也可以用來收納擦鞋工具、鑰匙、寵物牽繩等物品。

Point 4

雨傘就掛在 玄關門旁的橫桿上

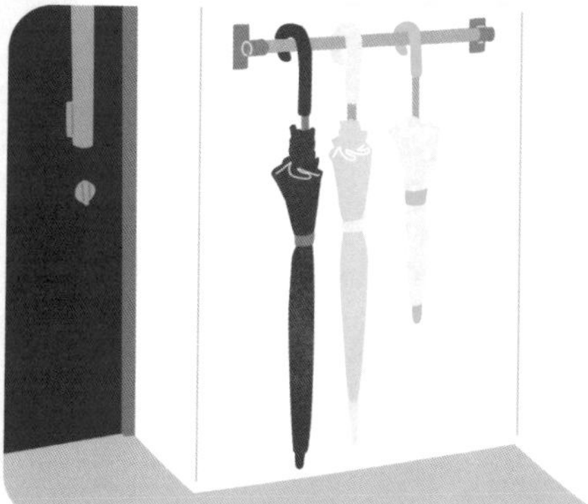

傘架在打掃時不僅礙事，平時也要擔心會不會發霉。因此建議在玄關的牆壁上裝支橫桿，將傘掛在橫桿上收納。這樣既容易打掃，雨傘也很快就乾，不用擔心發霉、生鏽！橫桿還具有扶手的作用，有助於打造家中的無障礙空間。

mini Column

定期丟棄 沒在用的傘、 沒在穿的鞋子！

為了避免傘愈來愈多或是鞋櫃被沒在穿的鞋子塞滿，要記得定期確認一下！

08

徹底利用每一寸空間 收納大體積物品的妙招

妥善規劃運用 不要白白浪費了大空間

由於壁櫥具有一定寬度及深度，
只要搭配各種收納道具，
就能大幅提升便利性。

Point 1

將棉被「立起來收納」可以節省空間

收納占空間的棉被時，先將棉被裝進專用的收納箱，體積便能縮小許多。再將收納箱立起來擺進壁櫥，就不需要層層堆疊，拿出棉被時也更方便！

Point 2

捲成圓筒狀 再用布包起來 就成了抱枕

沒有足夠空間收納棉被的話，可以將棉被捲成圓筒狀，再找塊漂亮的布包起來，就搖身一變成為了大抱枕。綁起來的地方還可以用緞帶或流蘇裝飾！

Point 3

用伸縮桿 將壁櫥改造為衣櫃

在壁櫥上端安裝伸縮桿，就能讓壁櫥變為衣櫃。將壁櫥的門拆下來，會更容易取出及收納。覺得這樣不美觀的話，也可以加裝簾子。

Point 4

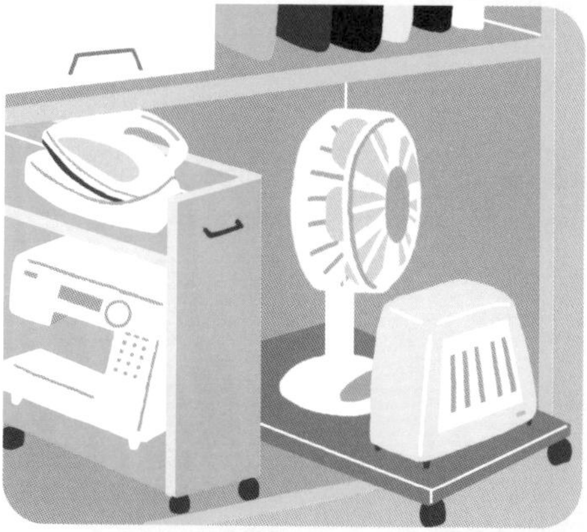

利用附腳輪的道具 活用深處空間

壁櫥若有一定的深度，徹底活用空間的最佳方法就是搭配附腳輪的收納道具使用。家電等大型物品只要收納於有腳輪的推車，無論要拿出來或是歸位都不會造成麻煩。

mini Column

挑選收納箱的尺寸

挑選收納箱的重點是，根據要收進去的物品高度來決定尺寸。箱子的高度若高出物品太多，就等於浪費了空間。

家裡可以放一個暫留箱

暫時存放用不到 卻又捨不得丟的東西

家裡的收納空間有時是被尺寸不合但還能穿的衣服、已經看完的書之類，未來似乎沒有機會再出場，但又覺得丟了可惜的東西給占滿的。為了預防這種情形，家裡可以放個「暫留箱」。不知該不該丟的東西先放進這裡面，然後定期檢視或重新檢討，有助於防止物品無限制地增加。

「丟棄」的盲點！？

記得確認 賞味期限＆使用期限

為了緊急狀況儲備的糧食及飲用水、已經過了使用期限的藥品等物品，常會在不知不覺間愈變愈多，因此建議以半年左右一次的頻率做確認。另外，化妝箱或化妝包裡可能會有已經用了幾年都還沒用完的化妝品、保養品、護手霜，檢查一下有沒有變味、變色或成分分離的狀況，有的話就不要再留了。

預防櫃門縫隙發霉

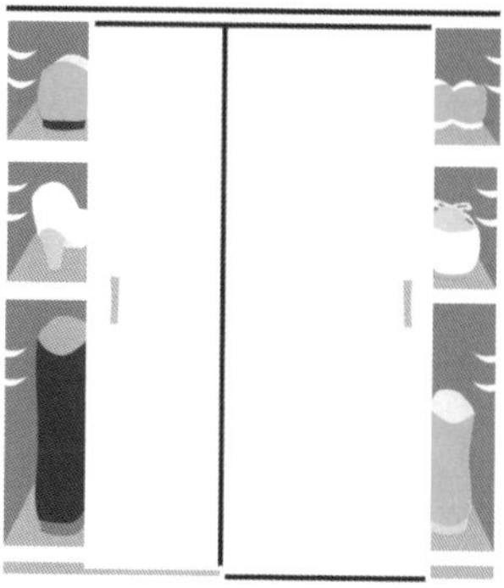

梅雨季節等時期養成「稍微打開櫃門」的習慣

濕度高的季節不要完全緊閉衣櫃、壁櫥、鞋櫃等的櫃門，稍微打開製造些縫隙，通風半天左右，可以防止發霉及異味。另外也建議勤於更換除濕劑、將除濕機推進收納空間運轉。放不下除濕機的話，可以用電風扇吹一～二小時。

收納空間最多放到八成滿

物品不要堆太滿才會「好拿、好收」

衣櫃、壁櫥很容易一不小心就會整個塞滿，不留一點空間。但如此一來死角就會變多，不但很難搞清楚什麼東西收在哪裡，拿、收都會很麻煩。收納的重點在於讓收納空間維持在約八成滿的狀態，這樣才容易找到東西放在哪裡，東西也才好拿、好收。

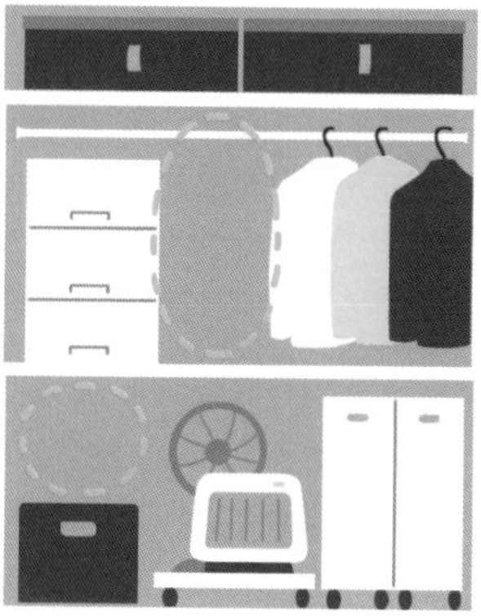

使用風格統一的收納用品！

統一材質與顏色
就會顯得俐落簡潔！

使用具有一致性的收納道具，就能展現出經過整理、井然有序的感覺，這個方法十分有效，而且容易執行。比較收納箱的顏色、材質都相同與顏色、材質混雜不一兩種情形就會發現，差別一目瞭然。居家用品賣場、百圓商店都能買到便宜、品質好的收納道具，不如就一口氣全部換新吧。

除了「買」還有別的方法

不要增加家中物品
也是一種選項

有時候在買東西前思考一下「能不能用租的？」、「家裡有沒有其他可以用來代替的東西？」或許就會發現其實可以不用買。這樣不僅有助於收納，還能省錢，因此建議大家養成「先停下來想想，不要急著買」的習慣。另外，就算決定要買，挑選尺寸小一點的也能有效節省收納空間。

Part 3

冷凍菜餚&健康湯品料理

每天為家人準備三餐實在不是輕鬆的工作。
那就用冷凍菜餚及Bears流的美味湯品
節省時間、「偷懶」一下吧。

冷凍菜餚是時間不夠用時的好幫手

「平時太忙了，沒時間煮飯」、「雖然想多煮一道菜，但實在想不出菜色」、「今天有夠累的，已經沒力氣煮飯了」……。

關於煮飯，你是否也有類似的困擾？尤其因為這一兩年無法隨心所欲外食，在家的時間變多了，煮飯更加變成了一件苦差事。應該有許多人都覺得思考菜色，然後煮出來這整個過程十分累人。

對此，Bears提出的解決方案是「冷凍菜餚」與Bears流湯品，這兩者都是沒時間或感到疲累時的好幫手。

首先來說明冷凍菜餚的好處。在有時間時先大量做好冷凍起來，之後只需要加熱就能吃到「自己做的菜」。不僅食材、口味全都符合自己的喜好，最重要的是不花時間。雖然也可以買外面現成的，但口味終究與自己做的有差。

另外，這樣也等於是過去的自己幫了現在忙碌的自己一個

大忙，相信這樣會讓人想要好好稱讚自己一番。

只要拿出來加熱就可以吃了，說這是最強的省時妙招應該也不為過。

冷凍菜餚還有另一項好處，是食物不會有無謂的耗損。你是否有過這樣的經驗？做菜時發現「把食材全部用完的話，煮出來的分量會太多」，只好剩一點下來，沒辦法把原本打算用掉的食材用完。這種時候乾脆多煮一點，把多餘分量冷凍起來，就不會形成食物、食材的浪費。已經煮好了才發現似乎吃不完的話，一樣也可以拿去冷凍。省時、省錢、吃得完、避免浪費……，冷凍菜餚有如此多的好處。

現在市面上有許多便利的冷凍道具。只要上網用「冷凍 分裝容器」、「冷凍 便當用 分裝」之類的關鍵字搜尋，就能找到各式各樣、五花八門的道具。只要擠壓一下就能拿出一餐分的菜餚，或是直接裝進便當就

Bears流湯品 省時又健康

可以吃了，真的非常方便，強烈建議大家多加利用。

Bears會以冷藏、冷凍等各種方式，將口味與顧客家中相近的料理提供給顧客。Bears Lady造訪過後，顧客家的冰箱裡都會有滿滿的美味冷凍菜餚。

這本書中介紹的食譜，便是從Bears Lady的「拿手好菜」中嚴選出來的。出乎我們意料的是，冷凍的「什錦羊栖菜」及「筑前煮」相當受歡迎。或許有些人覺得日式料理不適合冷凍，但其實並非如此。簡單的日式家常菜反而很適合冷凍，大家不妨試試看。

在本書出版前，Bears Lady曾經討論過，什麼樣的菜餚會受歡迎。每位Bears Lady的年齡、家庭成員其實都不盡相同，但大家一致認為，絕對不能漏掉「Bears流湯品」。相信無論是有小小孩的家庭，或自己一個人住的人一定都會喜歡。煮湯請準備一個大鍋子，

大量使用當令蔬菜，既然「攝取蔬菜只要靠喝湯就好」，思考菜色也會輕鬆許多。熱騰騰的湯在任何一個季節都能起到療癒的作用，而且之後要喝的時候只要重新加熱即可，很適合生活忙碌的人。

另外，為了讓讀者能夠自行發揮創意做變化，這次介紹的Bears流湯品的食譜並沒有寫得太鉅細靡遺，如此一來便可以放自己喜歡的食材到湯裡，多喝幾次也不會膩。

例如，以豆乳和番茄當作基底，放入培根、蘆筍，再加些剩餘的蔬菜、沒用完的食材，摸索出自己的獨門口味也是一種樂趣。

早上起床後就有前一天煮好的湯可以喝，這樣是不是很輕鬆呢？

而且湯當然也可以冷凍起來保存。冷凍湯品時，建議用冰水或保冷劑讓湯快一點降溫。如果鍋子的保溫效果很好，也可以將湯倒至其他容器冷卻。

讓日常料理做起來簡單、吃起來美味

冷卻之後再以一餐的分量分裝至保鮮盒或冷凍用食物保鮮袋凍起來，可以保存三～四週左右。打開容器的蓋子，用微波爐加熱二～三分鐘半解凍後再用鍋子煮，或移到耐熱容器再以微波爐加熱，就能隨時喝到熱騰騰又有營養的湯。回到家已經很累或是提不起勁的時候，只要喝了美味的湯，相信就能讓人放鬆下來。

希望冷凍菜餚與Bears流湯品能幫助大家解決「不知該煮什麼」、「希望多變一道菜出來」之類的煩惱，讓生活更輕鬆。

PART3的最後也介紹了只需一種蔬菜就能做出來的配菜，在想要多添一道菜的時候很有幫助。這些美味又便利的菜餚需要的食材就只有胡蘿蔔或大白菜、馬鈴薯等，是沒時間時的好選擇。家裡如果有用剩的蔬菜，不妨拿來煮煮看。

做菜的「拿捏」

調整火

小火是指火不會碰到鍋底；中火是火差不多會接觸到鍋底；大火則是火勢旺盛，直接接觸到鍋底。

調整水

浸到水是指食材稍微露出水面，沒有被完全淹過；蓋過食材是指水剛好淹過食材；放滿水則是食材完全沉在鍋底的狀態。

調整多寡

少許是用拇指與食指指尖捏起來的量，大約1/8小匙。一撮大約是拇指、食指、中指捏起來的量。一小段則是約略等同於拇指第一節的大小。

01

有空時多做一些放起來準沒錯 冷凍菜餚幫你省時又省力

冷凍菜餚

聰明的「偷懶」妙招！

冷凍菜餚是有助於
減輕家事負擔的「偷吃步」。
趁著有空時多做一些冷凍起來吧！

Rule 01

趁有空時 多做一些凍起來

不論是日式、西式料理或湯品，其實很多菜都是可以冷凍的。將自己喜歡的料理冷凍起來，之後會輕鬆許多。

Rule 02

先分裝好的話 之後要吃或 帶便當都方便

分裝好再冷凍的話，之後只要拿出來裝進便當盒就行了。不僅簡單省事，吃的人也開心。

Rule 03

提不起勁煮飯時 緊急救援的 神隊友！

每天都全力以赴做家事是不可能的，提不起勁的時候就讓冷凍菜餚幫自己一把，相信會輕鬆許多。

如何製作冷凍菜餚

冷凍保存的原則

用金屬盤冷卻

分裝後冷凍

冷凍的祕訣是將菜餚裝在鋪了廚房紙巾的金屬方盤中降溫。由於金屬的導熱效率高，因此會加快冷卻速度。放涼之後便可裝入冷凍用容器冷凍。

用來帶便當

裝到小杯子裡

隨時都可以用

市面上現在有各種帶便當用的冷凍道具。分裝冷凍之後，只要拿出來裝進便當盒就行了。由於剛好是一餐的分量，平時要吃也很方便。不妨多找找看有哪些道具是自己喜歡的。

冷凍有湯汁的菜餚

從中隔開

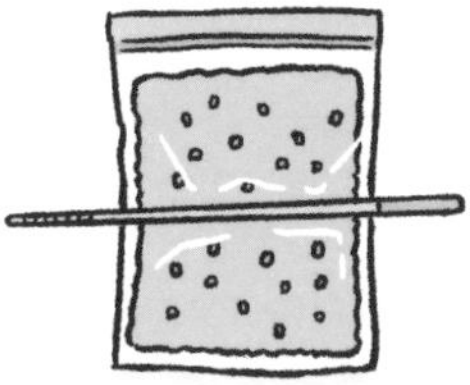

可以輕鬆掰開

肉醬之類有湯汁的菜餚可以用筷子之類的工具從中隔開再冷凍，以便之後取出。這樣做還能調整量的多寡，相當方便。

如何製作冷凍菜餚

便利冷凍道具

保鮮盒

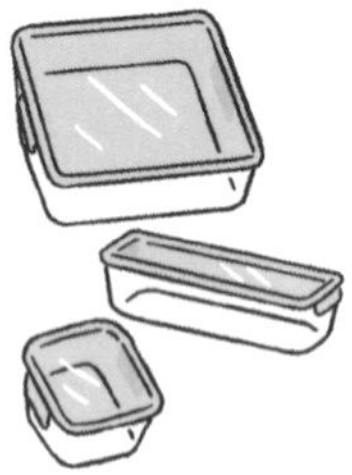

分裝用保存容器

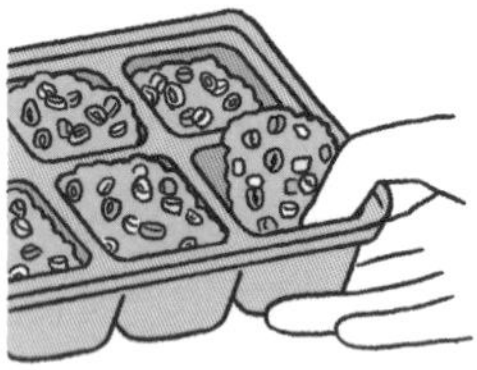

可以多加利用保鮮盒這類可冷凍的容器，特別是可以分裝成小分量的分格保存容器。不僅容易收納，而且可以要用多少就拿多少，有助於節省時間。

收納的訣竅

平放收納

直放收納

收納的重點在於容易辨識內容物，而且要不占空間。冷凍用的保鮮袋可以擺成直的，數量多的時候看起來很壯觀。

解凍的訣竅

使用微波爐

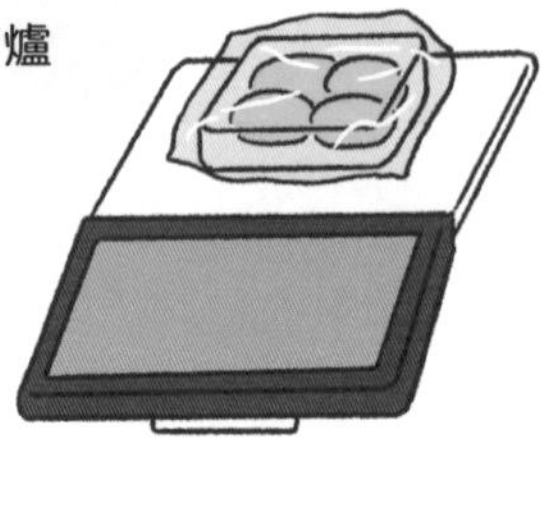

有些保鮮盒的蓋子不能微波，如果是這種保鮮盒的話，要先拿掉蓋子，然後用保鮮膜稍微蓋住，半解凍約 2 分鐘。之後再視料理種類裝到不同容器中加熱。

不適合冷凍的食材

葉菜類

小松菜、菠菜等蔬菜不能在生的狀態下冷凍，不然口感會變得軟爛。

豆腐

將豆腐冷凍的話，豆腐所含的水分也會結凍，解凍後變得有如海綿狀。由於會失去原本的滑嫩口感，因此基本上不建議，但如果想吃凍豆腐的話則無妨。

蒟蒻

蒟蒻含有許多水分，在經過冷凍、解凍後水分會消失，變成橡膠狀，因此不適合冷凍。

馬鈴薯

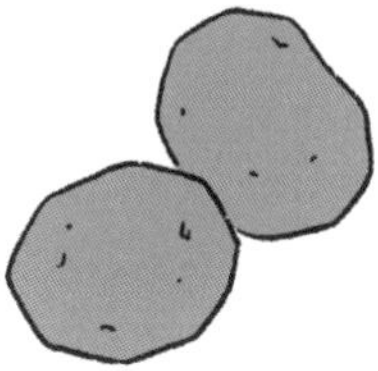

生的馬鈴薯直接冷凍的話，會像脱水了一樣，咬起來很空虛。做成馬鈴薯泥再冷凍的話就沒問題。

牛奶及美乃滋

不但會油水分離，氣味、口味也會變差。尤其是美乃滋，醋、油、雞蛋都會分開來，無法恢復原狀。

生蛋、水煮蛋

生蛋不可以冷凍。水煮蛋冷凍的話，蛋白會變得跟橡膠一樣，因此也不適合。玉子燒（不是荷包蛋）則可以冷凍。

牛蒡之類富含纖維的蔬菜

如果生的直接冷凍，口感和味道都會變差，因此不建議。煮過或炒過的話倒是無妨。

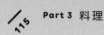

Recipe 01

一口漢堡排

●材料（4人份）

A
- 牛豬混合絞肉…400g
- 洋蔥（切碎）…1/2顆
- 麵包粉…1/2杯
- 牛奶…50mℓ
- 雞蛋…1顆
- 鹽、胡椒…各少許
- 肉豆蔻（可省略）…少許

沙拉油…適量

奶油…12g

B
- 伍斯特醬…4大匙
- 番茄醬…2大匙
- 奶油…1小匙
- 紅酒（可省略）…25mℓ

POINT ● 加熱時連同保鮮膜用微波爐以600W加熱1分鐘，翻面後再加熱1分30秒。

●做法

1 將A裝入大碗中，用手翻攪至產生黏性。

2 取一口大小的1在雙手間來回拋接以排出空氣，然後壓成橢圓形，正中央用拇指按出一個凹洞。

3 在平底鍋中加熱沙拉油與奶油，然後放入2，以中火煎至金黃色。

4 蓋上鍋蓋轉小火蒸煎約5分鐘。翻面後再蓋上鍋蓋，繼續蒸煎約5分鐘後起鍋。

5 在4的平底鍋中放入B，以中火熬煮，然後淋在漢堡排上。放涼之後用保鮮膜一個個包起來，冷凍保存。

Recipe 02

超簡單壽喜牛

●材料（4人份）

牛肉薄片…400g

洋蔥…1顆

<壽喜燒醬汁>
- 砂糖…3大匙
- 酒…5大匙
- 味醂…少許
- 醬油…5大匙
- 水…50mℓ

●做法

1 洋蔥順紋薄切，牛肉切成方便食用的大小。

2 混合壽喜燒醬汁的材料。

3 壽喜燒醬汁與洋蔥下鍋，開大火。煮滾之後放入牛肉，再次煮滾後立即轉中火並撈去浮渣，冷卻後冷凍保存。

Recipe 03

清爽醬燒雞翅

●材料（2人份）

雞翅…8～10隻
沙拉油…1大匙
A 水…1杯
酒、醬油、醋…各3大匙
砂糖…1大匙
大蒜…2瓣
蔥…1/2根

●做法

1 大蒜縱向對切，蔥切成長段。
2 平底鍋中放入沙拉油及大蒜，開小火。大蒜爆香後放入雞翅，煎至兩面金黃。
3 加入A，煮滾後放入蔥，並用小於鍋面的蓋子或鋁箔紙直接蓋在食材上，煮10分鐘左右讓肉熟透。完成後放涼，裝入保鮮盒等冷凍保存。

Recipe 04

和風香菇燒雞

●材料（2人份）

雞腿肉…1片（約250g）
麵粉…2大匙
蔥…1/2根
生香菇…2～3朵
A 日式高湯…300㎖
醬油…1大匙
淡口醬油…1大匙
味醂…1大匙
砂糖…1大匙

POINT ● 在300㎖熱水中加2/3小匙日式高湯粉就能輕鬆做出日式高湯。沒有淡口醬油的話，也可以用2大匙醬油代替。

●做法

1 蔥切成約3㎝長。香菇去蒂後對半切。雞腿肉切成一口大小後裹上麵粉。
2 在鍋中放入A，開火。煮滾後放入雞肉，注意不要讓雞肉疊在一起，將蔥、香菇放在雞肉間的空隙，以中火煮約4分鐘。肉、蔥、香菇翻面後再煮約2分鐘。蓋上蓋子後關火，利用餘熱將食材煮透。
3 冷卻後連同湯汁裝入食物密封保鮮袋，冷凍保存。

Recipe 05

肉多多肉醬

●材料（4人份）

牛豬混合絞肉…300g
洋蔥…1小顆
胡蘿蔔…1/2條
芹菜…1/2根
大蒜…1瓣
番茄罐頭…1罐
鹽、胡椒…各少許
麵粉…1大匙
高湯塊…1塊
橄欖油…1小匙

●做法

1 洋蔥、胡蘿蔔、芹菜、大蒜切碎，在平底鍋中放入橄欖油，以中火炒約5分鐘。蔬菜經過徹底翻炒可炒出甜味及鮮味。

2 將絞肉放入平底鍋中，與蔬菜混合拌炒。不要把肉炒到太散，煮好後吃起來會比較能吃到肉的口感。

3 肉全都變色後就關火，加入鹽、胡椒、麵粉攪拌。

4 將番茄罐頭倒入**2**的平底鍋後，罐頭裡放約1/3的水，連同罐中沒倒乾淨的番茄一起加入鍋中。接著放高湯塊，以中火燉煮。

5 燉煮約10分鐘，並不時攪拌。湯汁收乾變成濃稠狀即可關火。

6 肉醬冷卻後裝入食物密封保鮮袋等容器中冷凍。

Recipe 06

花椰菜炒培根

●材料（4人份）

培根…60g
花椰菜…1/2顆
大蒜…1瓣
辣椒…1條
橄欖油…2小匙
鹽、胡椒…各少許

POINT ● 花椰菜炒過頭的話會變軟、容易散掉，要多加注意。

●做法

1 花椰菜切成小塊裝至耐熱容器中，蓋上保鮮膜後用微波爐以600w加熱3分鐘。
2 培根切成細條狀，辣椒切片，大蒜則切碎。
3 平底鍋中放入橄欖油、大蒜、辣椒並開火。爆香之後放入培根、花椰菜，繼續拌炒。
4 以鹽、胡椒調味，放涼之後冷凍保存。

Recipe 07

什錦羊栖菜

●材料（4人份）

乾羊栖菜…30g
乾香菇…2～3朵
胡蘿蔔…1/2條
炸豆皮…1片
水煮黃豆…1袋（100g）
A 醬油…2大匙
砂糖、酒、味醂…各1大匙
日式高湯粉…1小匙
水…80～100㎖
麻油…2小匙
沙拉油…1大匙

POINT ● 泡軟乾香菇時，事先在熱水中加入一撮砂糖再浸泡，可以更快回軟。水煮大豆使用罐頭製品也不影響風味。

●做法

1 羊栖菜與乾香菇用水泡軟。
2 乾香菇切絲，胡蘿蔔切成細條狀。炸豆皮過熱水去油後，稍微把水擠掉，切成細條狀。從袋中取出黃豆，瀝去水分。
3 在鍋中熱沙拉油，然後放入羊栖菜、乾香菇、胡蘿蔔以中火拌炒。食材都吃到油後，放入黃豆與炸豆皮迅速拌炒一下，接著加入A。
4 以小火煮約7分鐘，湯汁開始收乾時翻攪均勻，起鍋前淋些麻油拌一下。放涼之後冷凍保存。

Recipe 08

筑前煮

●材料（3～4人份）

雞腿肉…1片（約250g）
乾香菇…4朵
蓮藕…200g
胡蘿蔔…1條
牛蒡…1條
沙拉油…1小匙
醬油…2大匙
酒…2大匙
味醂…2大匙

POINT ● 拿掉鍋蓋時可以先嘗一下湯汁的味道。由於是以燉煮方式料理，稍淡一點也沒關係。如果真覺得味道不夠的話，可以加少許醬油、味醂調整。

●做法

1 乾香菇用水泡軟，水量不用完全蓋過香菇。泡過香菇的水先留下。
2 泡軟的香菇切成3～4等分。蓮藕、牛蒡、胡蘿蔔切成容易食用的滾刀塊，雞肉切成一口大小。
3 鍋中放入沙拉油，迅速翻炒一下雞肉，開始變色時放入所有蔬菜拌炒均勻。
4 食材都吃到油後，倒入泡香菇的水200㎖（不夠的話就加水調整），然後加入所有調味料混合。
5 用小於鍋面的蓋子或鋁箔紙直接蓋在食材上煮10分鐘，再拿掉蓋子煮10分鐘。途中攪拌2～3次，並撈去浮渣。湯汁收乾至只剩下少許時關火。
6 放涼後冷凍保存。

Recipe 09

柑橘醋醬汁醃番茄

●材料（2人份）

番茄…2小顆
柑橘醋醬汁…1/2大匙
蒜泥…1/2小匙
青紫蘇…2片
蘘荷…1/2個

POINT ● 用平底鍋翻炒可以避免番茄散掉。要吃的時候放至冷藏自然解凍即可。

●做法

1 番茄去掉蒂頭後切滾刀塊，青紫蘇與蘘荷切成細絲。
2 平底鍋中放入番茄，以中火炒約30秒，加入柑橘醋醬汁、蒜泥煮滾約30秒後倒至大碗。蓋上保鮮膜，放進冰箱冷卻10分鐘以上。
3 取出冷卻的番茄，與青紫蘇、蘘荷拌勻後裝入容器中冷凍保存。

Recipe 10

香料煎魚

●材料（4人份）

切片鱈魚…4片
鹽、胡椒…各少許
麵粉…適量
蛋液…適量
麵包粉…2杯
乾燥羅勒…2大匙
起司粉…2大匙
橄欖油…適量

POINT ● 要吃的時候不用蓋保鮮膜，用微波爐以600w加熱1分50秒即可。

●做法

1 用廚房紙巾吸去魚的水分，並撒上鹽、胡椒。
2 麵包粉中混入乾燥羅勒、起司粉。
3 魚肉依序裹上麵粉、蛋液、**2**。
4 平底鍋中放橄欖油，用中火將魚的兩面煎至金黃色。
5 放涼後用金屬方盤急速冷卻（p113），然後裝至容器冷凍保存。

Recipe 11

什錦菇炒飯

●材料（2人份）

杏鮑菇…1小朵
鴻喜菇、金針菇…各1/8袋
大蒜…1瓣
熱米飯…1碗
沙拉油…1大匙
鰹魚醬油露（3倍濃縮）…1大匙
鹽、胡椒…各適量
醬油…1/2小匙

POINT ● 要吃的時候裝至耐熱容器並稍微蓋上保鮮膜，以微波爐加熱。

●做法

1 大蒜切碎，菇類切成一口大小，用放了沙拉油的平底鍋以中火拌炒。
2 炒至菇類稍微帶有焦色時放入米飯，並用鍋鏟將米飯壓散。
3 放入鰹魚醬油露、鹽、胡椒並繼續拌炒。食材都入味後，從鍋邊倒入醬油並迅速炒勻。
4 放涼後包上保鮮膜，裝入容器保存。

02 Bears流 季節健康湯品

營養滿分又好喝！

湯品

能夠充分攝取蔬菜的湯品

一次多煮些湯放起來，
只要再加道小菜、主菜就可以搞定一餐，
還能幫助你補充滿滿蔬菜。

Rule 01

多使用當令蔬菜煮湯

當令蔬菜不僅富含營養，價格也比較便宜。番茄、蕪菁、高麗菜、大白菜、白蘿蔔等都是很好的選擇，可依喜好選用。

Rule 02

忙碌時用蔬菜湯就能夠簡單解決一餐

如果太忙的話，切一切家裡現成的蔬菜放到鍋子裡，然後加水及高湯塊就行了。只要煮一煮，就是美味的一餐。

Rule 03

討厭吃蔬菜的人或小朋友就用湯來收服

許多小朋友都不喜歡吃蔬菜，但只要煮成湯的話往往就能接受。為了家人的健康著想，多多煮湯吧。

不僅好喝
還能自由做各種變化！

Bears流
基本款蔬菜湯

基本款蔬菜湯裡面沒有放肉。
洋蔥、高麗菜、胡蘿蔔的溫和甘甜滋味
喝起來很舒服。
而且因為沒有特殊或強烈的味道，也可以加肉煮成咖哩；
或加牛奶與蛤蜊煮成海鮮巧達濃湯；
甚至是做成燉菜，變化十分豐富。
加番茄罐頭與培根下去煮也是不錯的選擇，
不妨多加嘗試，找出自己喜歡的味道。

● 材料（4人份）

高麗菜…4片
胡蘿蔔…1/2條
洋蔥…普通大小1顆
水…800㎖
高湯塊…2塊
鹽、胡椒…各少許

POINT ● 蔬菜不要切太大塊會比較好食用。一塊高湯塊建議配300～400 ml的水。

● 做法

1. 蔬菜稍微切碎。
2. 鍋中放入水、高湯塊、蔬菜，蓋上鍋蓋煮約8分鐘。
3. 嘗一下味道，並以鹽、胡椒調味，再用小火煮約10分鐘。

春 Spring

番茄豆乳湯

●材料（3～4人份）

番茄…普通大小2～3顆
洋蔥…1/2顆
無調整豆乳…400㎖
水…200㎖
橄欖油…1小匙
高湯塊…1塊

POINT ● 放豆乳後會容易煮到溢出鍋外，因此要注意顧火。可依喜好加入鹽、胡椒。另外也可加培根、蘆筍等自己喜歡的食材做變化。

●做法

1 番茄切滾刀塊，洋蔥切碎。
2 平底鍋中加入橄欖油，拌炒番茄、洋蔥。
3 番茄炒軟後，加入水、高湯塊煮。
4 蓋上鍋蓋開中火，煮滾後轉小火煮10～15分鐘。
5 打開鍋蓋加入豆乳，以中火加熱，再次煮滾後關火。

夏 Summer

柴魚風味夏季蔬菜湯

●材料（3～4人份）

日式高湯…600㎖
秋葵…6根
洋蔥…1/2顆
櫛瓜…1/2條
彩椒…1顆
醬油…2小匙

POINT ● 夏天喝涼的也很美味！

●做法

1 蔬菜切成容易入口的大小。
2 用鍋子加熱日式高湯，然後放入洋蔥、櫛瓜、彩椒以小火煮。
3 蔬菜煮透後，放秋葵、醬油，以小火煮1～2分鐘將秋葵煮透。

秋 Autumn

舞菇花椰菜奶油湯

●材料（3～4人份）

培根…5片
舞菇…100g
花椰菜…1顆
洋蔥…1/2顆
奶油…10g
麵粉…2大匙
牛奶…300㎖
水…300㎖
高湯塊…1塊
鹽、胡椒…各少許

●做法

1 將花椰菜分成小朵。莖的部分剝去外皮，切成1㎝大的塊狀。
2 培根切成細條狀，洋蔥切碎，舞菇分成小朵備用。
3 鍋中放入奶油，培根、洋蔥、舞菇、花椰菜莖下鍋拌炒。洋蔥變軟後加入麵粉，炒到沒有粉末感為止。
4 加入水、高湯塊、鹽、胡椒，煮滾後再繼續煮5分鐘。
5 關火，放入花椰菜、牛奶，以小火煮10分鐘左右到產生黏稠感為止。

冬 Winter

水煮鯖魚罐頭味噌湯

●材料（2人份）

水煮鯖魚罐頭…1罐
生薑泥…1小段薑的分量
（也可用市售品）
水…400㎖
味噌…1大匙

POINT ● 鯖魚、薑本身就很有味道，因此沒有用太多味噌。覺得味道不夠的話，可以再多加。

●做法

1 鯖魚（連同罐中的水）、生薑泥、水放入鍋中，開火。
2 煮滾後關火，加入味噌攪拌。

一種蔬菜就能做一道小菜

葉菜類

涼拌青菜
（2人份）

鍋中放入水100㎖、1/2大匙酒、1/2小匙日式高湯粉、味醂及醬油各25㎖後開火煮滾，做成涼拌醬汁。用另一個鍋子將水煮滾，加少許鹽後放入一把葉菜（菠菜、小松菜等）燙熟。青菜沖冷水後將水捏乾，切成約5㎝長。醬汁與青菜裝進大碗中拌勻，放30分鐘以上使青菜入味。

胡麻醬拌青菜
（2人份）

用鍋子燒開加了少許鹽的水，燙熟一把青菜。青菜沖冷水後將水捏乾，切成約5㎝長。在大碗中混合無調味的胡麻醬及砂糖各2大匙、醬油1小匙、適量白芝麻，再加入青菜拌勻。

COLUMN_07

一種蔬菜就能做一道小菜

大白菜

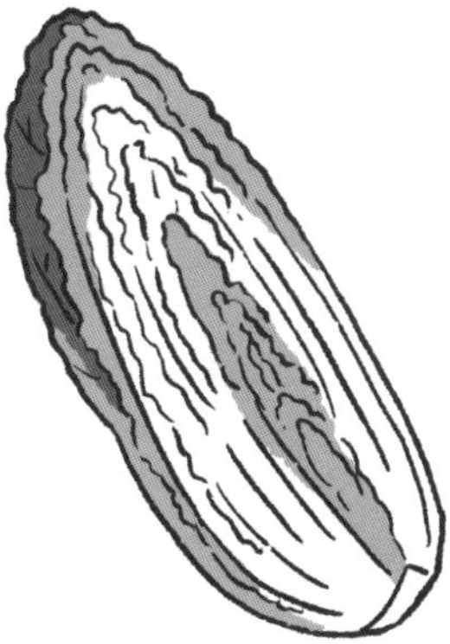

西餐風燉菜
（2人份）

鍋中放入1/8顆大白菜，再加水300㎖與一塊高湯塊，用小於鍋面的蓋子或鋁箔紙直接蓋在大白菜上煮約12分鐘，然後關火放涼。

韓式涼拌大白菜
（2人份）

將三片大白菜切成1㎝寬，用微波爐以500w加熱3分鐘。放涼後用手擠掉水分。在大碗中混合約1㎝的蒜泥（市售蒜泥醬）、少許鹽、1/2小匙雞湯粉、1大匙麻油、適量白芝麻，再放入大白菜拌勻。

一種蔬菜就能做一道小菜

洋蔥

整顆洋蔥湯
（2人份）

洋蔥一顆去皮後切掉根部。在小鍋中裝入水500㎖、2大匙鰹魚醬油露（3倍濃縮）、1小匙日式高湯粉，並放入洋蔥。用小於鍋面的蓋子或鋁箔紙直接蓋在洋蔥上，以小火煮約30分鐘後關火放涼。也適合冷凍。

味噌洋蔥
（2人份）

洋蔥一顆去皮後切薄。在食物保鮮袋中裝入味噌100g、洋蔥並仔細搓揉。於冰箱中冷藏一晚，讓味噌入味後即可使用。適合冷凍，是搭配即食味噌湯或炒菜時的好幫手。

COLUMN_07

一種蔬菜就能做一道小菜

胡蘿蔔

法式胡蘿蔔沙拉
（2人份）

取一胡蘿蔔去皮後，切成約4㎝長的胡蘿蔔絲。胡蘿蔔絲放入鍋中，並加橄欖油1大匙、水2大匙、一撮鹽後蓋上鍋蓋，以大火加熱2分鐘。加2大匙蜂蜜、1大匙紅酒醋攪拌，然後移至容器放涼。淋1大匙檸檬汁並放相當於1/8顆的檸檬片後放置一晚入味。

金平胡蘿蔔
（2人份）

胡蘿蔔一條去皮後，切成約4㎝長的胡蘿蔔絲。鍋中放沙拉油加熱，然後翻炒1/2條辣椒。辣椒變色後放入胡蘿蔔，以中火炒約2分鐘。加2大匙酒、1/2大匙砂糖，拌炒約1分鐘。最後加1/2小匙醬油，炒至湯汁收乾便完成。

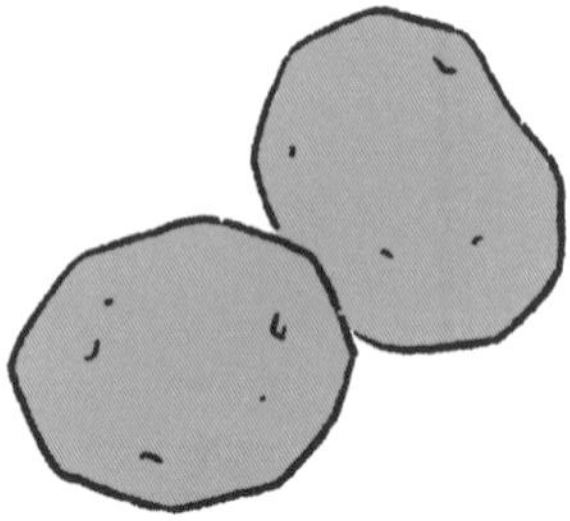

一種蔬菜就能做一道小菜

馬鈴薯

法式鹹餅
（2人份）

2顆馬鈴薯去皮後切絲。以平底鍋加熱15g奶油，奶油融化至一定程度時關火，馬鈴薯下鍋鋪平成圓形。將鋪平的馬鈴薯分為2～3片薄餅，然後撒上適量的鹽、胡椒。開中火煎至兩面酥脆。

馬鈴薯塊
（2人份）

2顆馬鈴薯去皮後切成1～2㎝大的塊狀並抹上太白粉。平底鍋中放入2大匙沙拉油與馬鈴薯，撒上適量的鹽，以小火煎5分鐘。馬鈴薯熟到可用竹籤輕易刺穿後，加入1小匙醬油、1/2大匙砂糖、1大匙美乃滋拌勻。裝盤後撒上海苔粉。

COLUMN_07

一種蔬菜就能做一道小菜

白蘿蔔

金平蘿蔔皮
（2人份）

將削得較厚的白蘿蔔皮（一條白蘿蔔的量）切絲。以平底鍋加熱2/3大匙麻油，炒軟白蘿蔔皮。加入1小匙日式高湯粉、1/2大匙砂糖、酒及味醂各25㎖，繼續炒約3分鐘。湯汁收乾後加1大匙白麻，再淋1/2大匙醬油，拌炒均勻後即完成。

醋醃白蘿蔔皮
（2人份）

將1/4條白蘿蔔的皮切絲，撒少許鹽後靜置約10分鐘。捏掉水分並裝至大碗，加1大匙壽司醋、1/2小匙柚子胡椒攪拌，放入冰箱30分鐘以上等待入味。

Part 4

洗完以後
蓬鬆又乾淨

洗衣服

洗衣服的重點是不傷衣物，
又能洗去衣服上的髒汙。
這一章會介紹各種實用技巧幫助你達成這兩點。

基本原則是「不傷衣物，又能洗得乾淨」

洗衣服的目的不用說，當然是洗去一天下來累積在衣服上的髒汙。穿著清潔的衣物不僅會讓自己的心情變好，也能帶給他人清潔健康的第一印象。就算再用心整理髮型或化妝、穿上最時髦的衣服，如果領口、袖子泛黃或留有食物汙漬的話，就會讓人產生「不愛乾淨」的印象。

另外，衣服若是皺巴巴、滿是毛球或有一大堆破洞，同樣會讓人感覺不乾淨、邋遢。因此，「不傷衣物」同樣是洗衣服的優先重點，重要程度不輸洗去髒汙。也因為這樣，洗衣服時必須根據材質及衣物種類選擇正確的洗衣方式。

基本上，衣物布料受損的原因絕大多數都是使用了錯誤的方式洗衣。除了運動或從事戶外活動以外，一般日常的穿著方式應該不太可能造成衣服縮水或破損，衣服之所以會縮水或質地變得和原本不一樣，可以說問題絕大多數都出在洗衣

方式。想要衣服維持潔淨、能穿得長久的話，一定要知道正確的洗衣方式。

或許你想問「那要怎樣根據不同的衣服改變洗衣方式？」不用擔心，衣服自己就會告訴你最佳的洗衣方式。

只要確認衣服反面的洗衣標籤，就能知道如何洗最恰當。照著標籤上標示的洗衣模式及溫度洗，就幾乎不會發生衣物受損或縮水的問題。或應該說，最好可以養成買衣服時仔細確認洗衣標籤的習慣。若能建立「不買需要用特殊方式清洗的衣服」這項原則，就可以相當程度減輕洗衣時的負擔並節省送洗費用。

另外，放著髒汙不清除也是損傷衣物的一大原因。這是因為髒汙本身會傷害布料，放了一段時間後才來清除也會對衣物造成負擔。衣服如果弄髒了，一定要盡快設法去除髒汙。

改善洗衣效率的三項重點

相較於煮飯和打掃，洗衣服在家事中所占的比例並沒有那麼多。話雖如此，按下洗衣機的開關後也要過個幾十分鐘才會洗完，晾起來到收回來為止又要半天，最後還得花10～20分鐘摺衣服並收好，不僅中間經過的時間長，步驟也多，仍舊是不小的負擔。洗衣機運轉時雖然不是自己動手洗，但終究無法完全不理會，或多或少都得繃緊神經。萬一家裡人口眾多，一天甚至得洗不只一次，也會占去不少的時間。

想要省時省力地洗衣服，就要做到「不要積太多」、「洗之前做好分類」、「花點心思在晾衣服上」這三個重點。

比起三天才洗一次衣服，每天都洗不僅負擔較輕，也更容易洗得乾淨。沾到汙漬的衣服稍微打濕後抹肥皂搓揉，然後丟進洗衣機設好定時，隔天早上就能將汙漬洗乾淨，不需要費太大工夫。髒汙及異味會隨時間經過而愈來愈頑強，變得

很難去除。待洗的衣物一旦積多了，就不太可能一次洗完。相信在出門上班前這種忙碌的時段，根本沒空洗兩次衣服。

另外，一開始就先分類好，按「標準洗衣」、「高級衣物」等洗衣行程，將待洗衣物裝在不同洗衣籃也有助於節省時間。家裡沒有空間放好幾個洗衣籃的話，也可以使用不同洗衣袋分類。洗衣服時只要直接將洗衣袋丟進洗衣機就好，相信能讓分類步驟輕鬆許多。

另外，晾衣服時下點工夫，衣服就能更快晾乾。用衣夾式的曬衣架晾衣服時，中間夾比較短的，外側夾比較長的衣物，空氣更容易流通。厚長褲撐開夾成圓筒狀（參閱147頁）也會更快晾乾。

衣服是用衣架掛起來晾的話，晾乾後直接將衣架連同衣服掛回衣櫥裡，就能跳過摺衣服這個步驟，省時又省力。

只要懂得運用一些小技巧，洗衣服的效率就能改善許多。

預防洗衣「兩大煩惱」的妙招

我們最常聽到與洗衣服有關的煩惱，就是「異味洗不掉」及「髒汙洗不掉」，其實這兩種狀況往往是「一次洗太多衣物」造成的。若你也有類似困擾的話，請確認一下是不是放了超過洗衣機規定量的衣物到洗衣機裡。

洗衣機是藉由產生水流將衣物上的髒汙洗去的，如果放了太多衣物的話，水流就會變弱而無法徹底洗去髒汙，或是洗劑、柔軟精無法充分接觸到衣物，因此洗過之後還是有髒汙或異味殘留。就算有再多衣物要洗，也請將一次的清洗量控制在洗衣槽的七成左右。

另外，衣物長時間放在洗衣機內，或與濕的東西放在一起也會產生異味。待洗衣物應該放在洗衣籃而不是丟進洗衣槽內，洗完之後也要立即取出衣物晾起來，這樣也有助於預防洗衣槽發霉。

衣物之所以有異味，還有一個潛在原因，就是洗衣槽裡積

了太多霉及髒東西，建議每個月清洗（參閱154頁）一次，潮濕的時期應清洗兩次。

此外，衣物如果要花很多時間才能晾乾，在這段時間就有可能孳生細菌，使衣物散發沒有乾透的難聞氣味。潮濕的時候可以用除濕機或電風扇對著衣物吹，加快乾燥速度，防止異味產生。

用烘衣機把衣服烘乾雖然也是一個辦法，但太常烘的話可能會傷到衣服。如果是這種情況，可以在衣服晾完收回來後用烘衣機短時間烘一下，這樣就不會傷到衣服，並避免產生異味。

順便提醒一點，有不少為了衣物異味煩惱的人在洗衣服時並沒有放柔軟精。最近的柔軟精在使衣物變柔軟的同時，還兼具消臭效果，不妨用用看。

不過，並不是柔軟精放愈多，消臭效果就愈好，柔軟精過多會造成衣物變色，只要依標示適量使用即可。

01 Bears流洗衣基本原則「不傷衣服」是最優先目標

如何延長衣物壽命

洗衣服前有三件事要做

洗衣服的重點不是只有把衣服洗乾淨，
不傷布料、讓衣服能穿得更長久也同樣重要，
因此必須先了解以下幾項大原則。

Rule 01

一定要確認洗衣標籤！

洗衣服前一定要先看洗衣標籤，確認該水洗還是乾洗，可以機洗還是需要手洗，才能防止衣物縮水或變形。

Rule 02

設法盡早去除衣服的髒汙

衣服如果沾到汙漬，要設法立即處理，不要放著不管。處理完後盡快清洗，最能減少對布料造成的負擔。

Rule 03

衣服的壽命取決於洗衣前的準備工作！

用心做好衣物裝入洗衣袋、沾到汙漬處先抹上肥皂……等洗衣服前的準備工作，就能防止衣服洗不乾淨或被洗壞。

洗衣服前該做的事

step 1

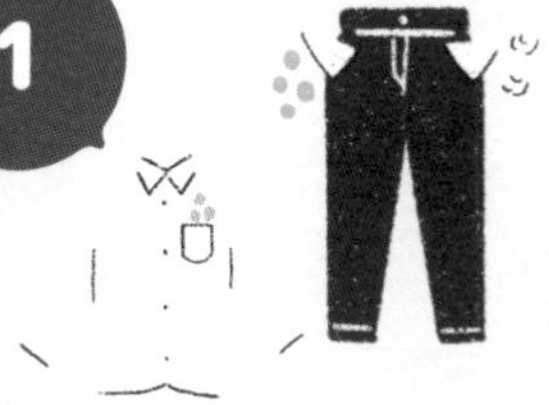

檢查口袋！

確認口袋裡有沒有硬幣、面紙之類的物品。襯衫胸部的口袋也要記得檢查！

step 2

汙漬部分塗抹肥皂

白襯衫的領口、袖口，襪子發黑或沾有汙漬的地方先抹上肥皂。

先稍微打濕弄髒的部分！

step 3

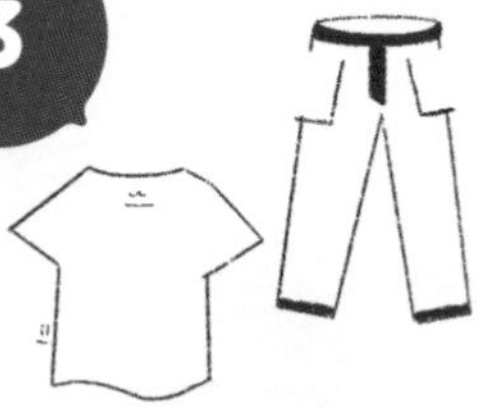

花色衣物、牛仔褲翻面洗

容易掉色的牛仔褲、花色衣物或有裝飾鈕扣的衣服先翻面再丟進洗衣機。

step 4

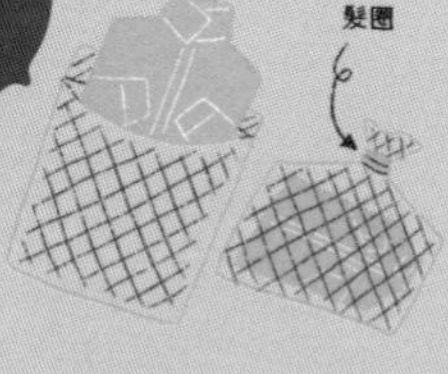

細緻衣物裝入洗衣袋

如果是細緻衣物，將髒汙處朝上，衣服摺好後裝入洗衣袋。洗衣袋太大的話可以用髮圈綁住。

02

先後順序變一下就會不一樣
確實洗去髒汙的方法

改變衣物放入的順序
結果竟會如此不同！

能夠產生強勁水流的衣物投放方式、
晾衣服的時間、洗劑使用方式
會大大影響衣服洗完後呈現的樣貌

step 1

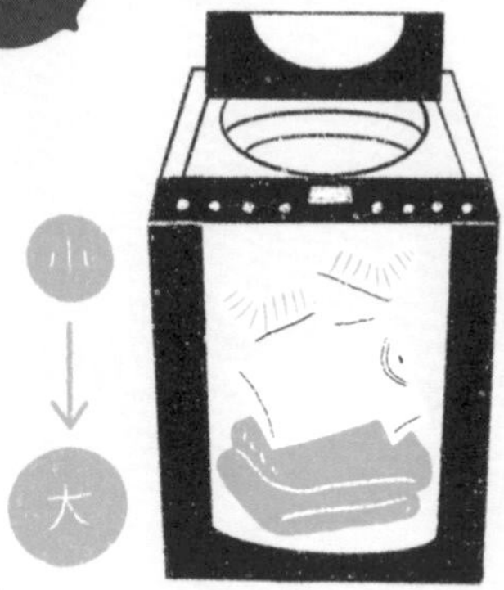

體積大
占空間的衣物
先放入洗衣機

衣物放入洗衣機時，最下面放體積大、占空間的衣物，依大小順序將小件衣物放在最上面，可以改善水流的旋轉，提升洗淨效果。

step 2

洗劑 & 柔軟精
用量要正確

洗劑及柔軟精要分別依標示取正確的量使用。只是用目測隨便量一下的話，可能會無法將髒汙洗乾淨，或是在衣物上留下黑點。

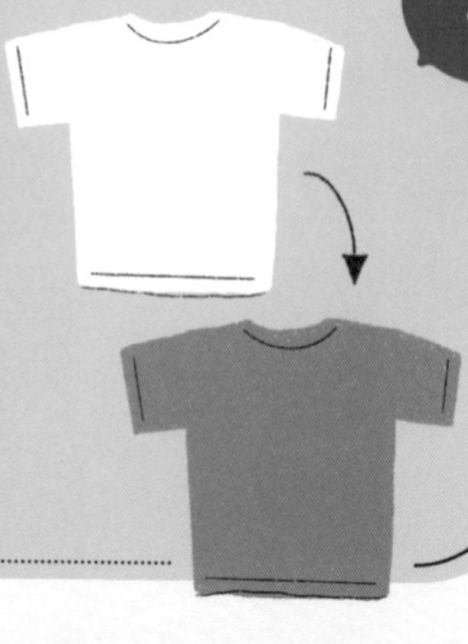

step 3

用剩的洗澡水

只能用來「洗淨」！

用泡完澡剩下的水來「洗清」的話，洗澡水中的髒汙會附著在衣物上，並可能使衣物產生異味。想重複利用洗澡水的話，最好拿來「洗淨」就好。趁著水還熱的時候洗，也比較洗得掉髒汙。

step 4

衣服洗好後

要馬上晾！

洗衣機停下來後如果就這樣放著不理，會孳生細菌、發霉，因而產生異味，所以要養成衣服洗好後立刻拿出來晾的習慣。另外，洗衣機沒有在用的時候，也可以將蓋子打開，避免濕氣積在裡面。

03

如何洗細緻衣物

影響衣物壽命的關鍵

避免細緻衣物受損的訣竅

洗衣標籤上如果有水桶的圖案，代表這件衣服可以在家水洗。了解清洗高級衣物的要訣，能幫助你延長心愛心物的壽命。

step 1

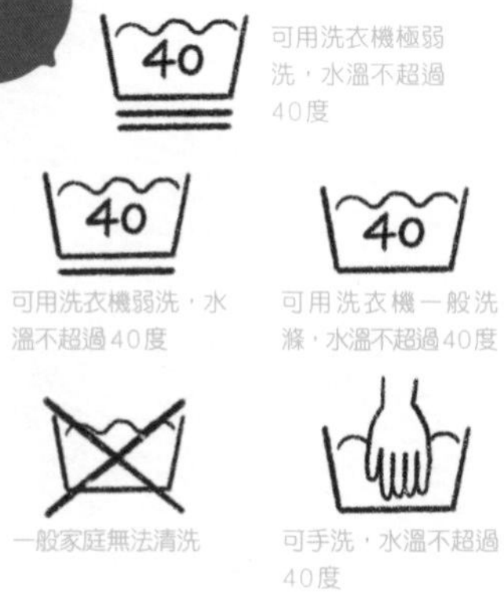

可用洗衣機極弱洗，水溫不超過40度

可用洗衣機弱洗，水溫不超過40度

可用洗衣機一般洗滌，水溫不超過40度
一般家庭無法清洗
可手洗，水溫不超過40度

一定要確認洗衣標籤！

第一次洗的衣服一定要先確認洗衣標籤。如果有水桶圖案代表可在一般家庭清洗，裡面的數字代表水溫上限。水桶下方的橫線代表水流強弱。

step 2

先拉上拉鍊扣好鈕扣再放入洗衣袋

為防止衣服變形，先拉上拉鍊或扣好鈕扣後，再讓髒汙明顯的部分朝外並將衣服摺好，放入洗衣袋。衣服上若有珠子之類的裝飾，則先翻面再摺。

step 3

盡量攤平
放入洗衣機

衣物放入洗衣槽時盡量攤平，然後選擇洗細緻衣物用的行程。不同廠牌洗衣機的行程可能會有「細緻衣物」、「高級衣物」、「柔洗」之類的名稱差異，第一次洗的時候請詳閱說明書。

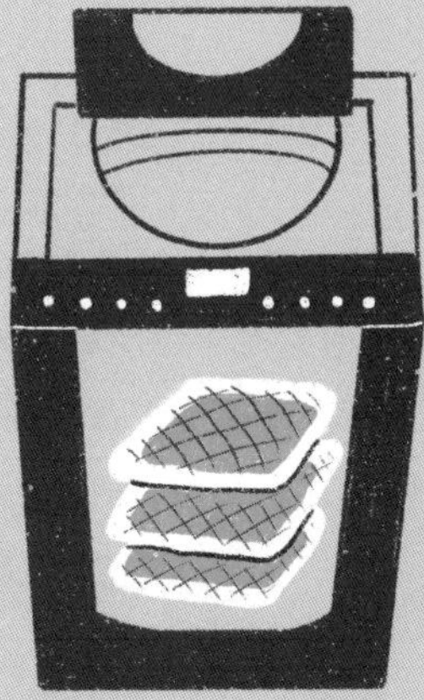

step 4

心愛的衣物用手洗
更能延長壽命

心愛的衣物用手洗可以減少損傷，延長壽命。水盆或洗臉盆裝30℃以下的水，根據水量倒入高級衣物用洗劑，然後以手掌輕輕按壓摺好的衣服做清洗。用兩條浴巾夾住進行脫水後攤平晾乾，以防止變形。

mini Column

難以自行處理的細緻衣物就送洗

無法水洗的衣物還是交給專門處理的業者比較好。送洗前別忘了檢查口袋有沒有東西沒拿出來。

04

製造出風的通道

晾乾的速度截然不同！

3種加快衣物晾乾的方法

以下三種方法能夠有效改善通風，
請務必學起來。每次晾衣服時視衣物的大小、
長度比例挑選其中一種使用即可。

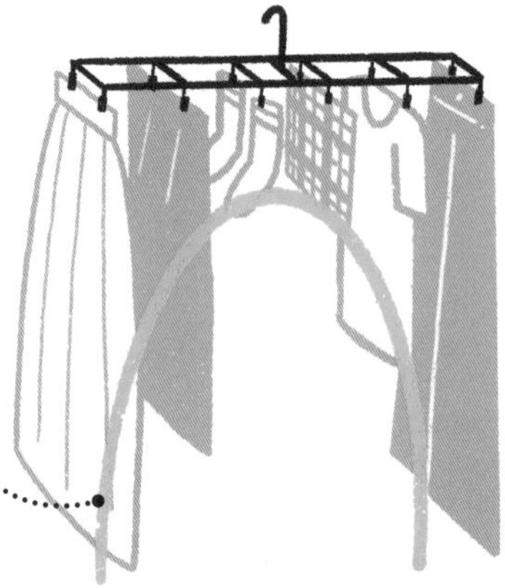

Point

用衣夾式曬衣架晾衣服時，外側夾長的、內側夾短的衣物，從側面看呈現拱形的話，可以製造出風的通道，加速晾乾。

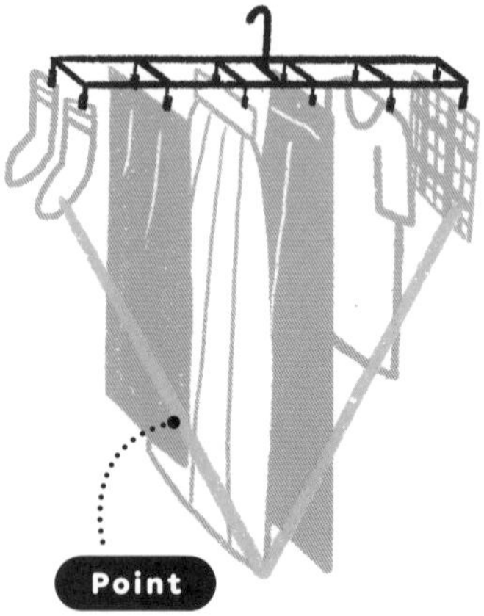

Point

也可以將長的衣物夾中間，短的衣物夾在外側，呈V字形。

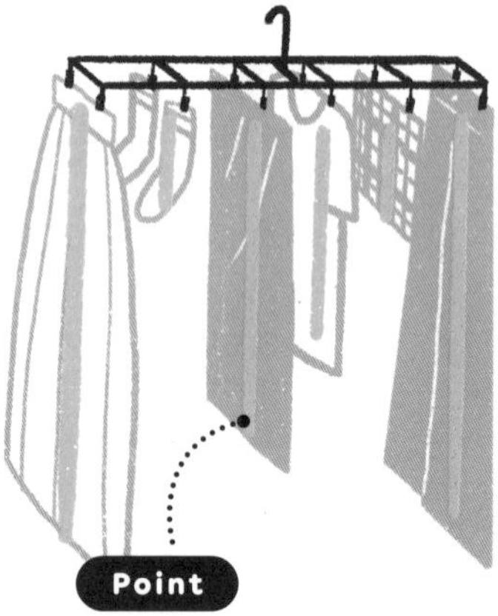

Point

長的衣物與短的衣物交錯也有改善空氣流動的效果。

衣物防皺

Point 1

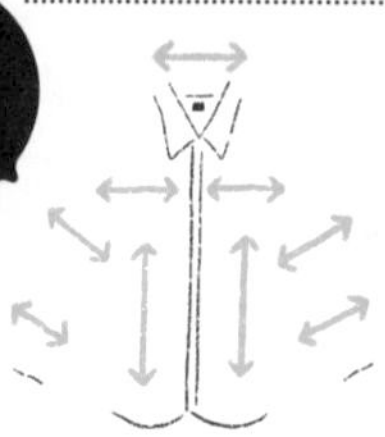

這樣做 衣服就不會皺巴巴

襯衫用衣架掛起來後，輕輕抓住襯衫布料沿箭頭方向拉平皺痕。

Point 2

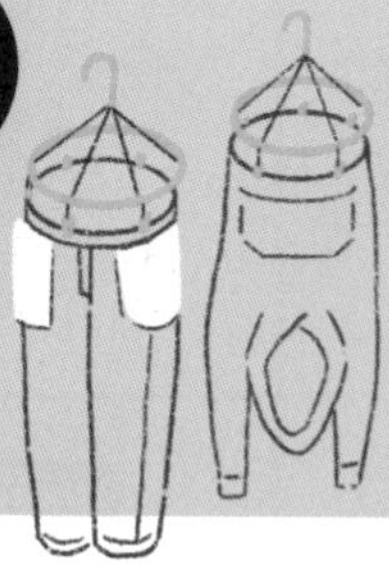

難晾乾的衣物 夾成圓筒狀

牛仔褲或運動衫之類布料較厚的衣物設法撐開夾成圓筒狀來晾，就能加快晾乾的速度！

Point 3

多用一個衣架 衣服就不會被拉長

針織衫之類容易被拉長的衣服，晾的時候只要將袖子搭在另一個衣架上，就不會被拉長了！

Point 4

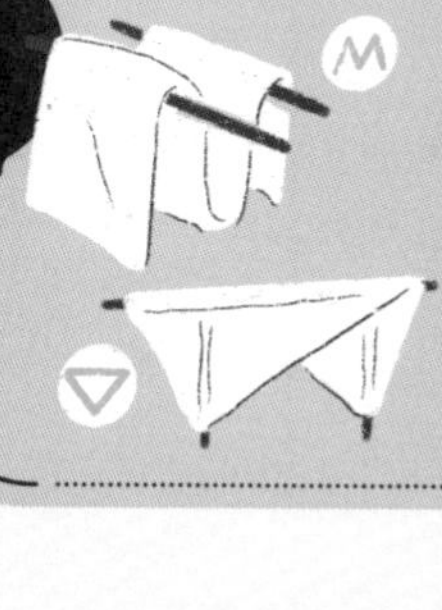

大型衣物晾成 M形＆三角形！

浴巾用兩條曬衣竿晾成「M形」；床單錯開邊角，曬成兩個「三角形」，可以加速晾乾。

05 差別一目瞭然！摺得快又漂亮的祕訣

上衣的基本摺法

襯衫和T恤的摺法基本上都一樣。
只要依袖子→橫摺→直摺的順序，
配合收納空間的寬度摺就行了。

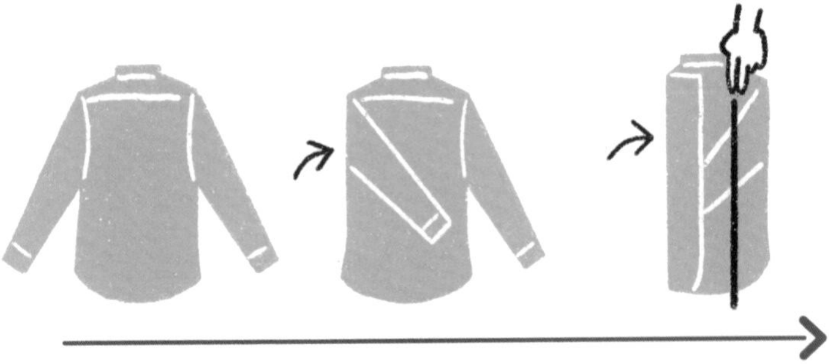

Step 1

背後朝上攤開。

Step 2

兩隻袖子往內摺。

Step 3

兩根手指放在領子旁邊當作基準，由此處將左右兩側往內摺。

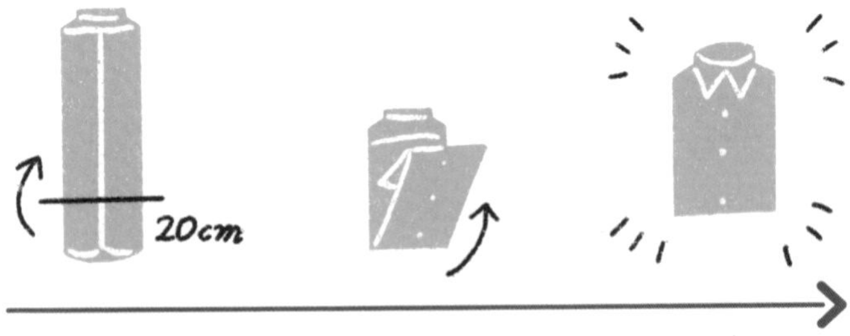

Step 4

下襬往上摺約20㎝。

Step 5

然後再對摺。

Step 6

把領子順整齊便大功告成了。

墊一塊板子

摺好的衣服就會
整齊劃一！

摺T恤或襯衫時在衣服背部墊塊板子，摺好以後就會是相同大小，收納時更整齊美觀！

用手除皺痕

邊摺衣服
邊用手撫平皺痕

一面摺衣服，一面用手掌以像是燙衣服的方式撫平衣服、輕輕拍打，就能減少皺痕，更加美觀。

不用摺衣服

掛在衣架上晾乾
然後直接收納！

上衣用衣架掛起來晾，乾了以後連衣架直接掛進衣櫥內，就完全省去了摺衣服這個步驟！

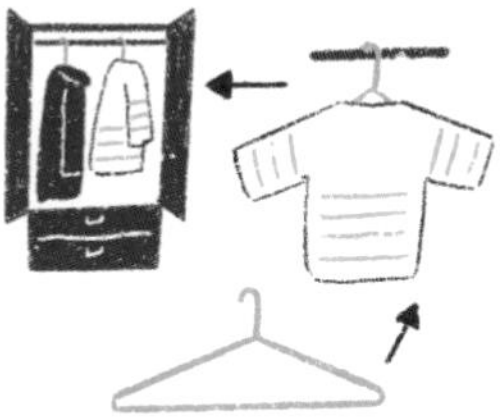

摺好→收納

盡量縮短動線

在衣服的收納處旁邊摺衣服，這樣就能一次收好，縮短動線也省事。除毛球刷、衣物用清潔滾輪也一起準備好會更方便。

06 省時&專業級的平整效果 燙衣服的基本技巧

依袖子→領子→身體的順序燙衣服

燙襯衫時依照
袖子→領子→身體、外側→內側、
小面積→大面積的順序仔細燙就能燙得完美。

step 1 袖子依外→內的順序燙

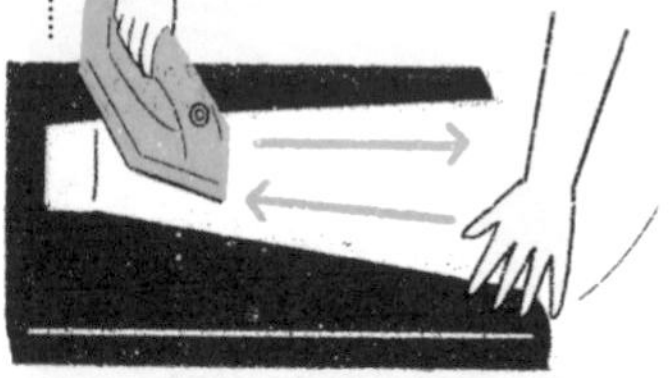

袖子攤開在燙衣板上，熨斗抵住靠外的一側由袖口慢慢往肩膀燙，然後熨斗掉頭由肩膀往袖口燙靠內的那一側。

step 2 領子、袖口由邊緣→內側燙

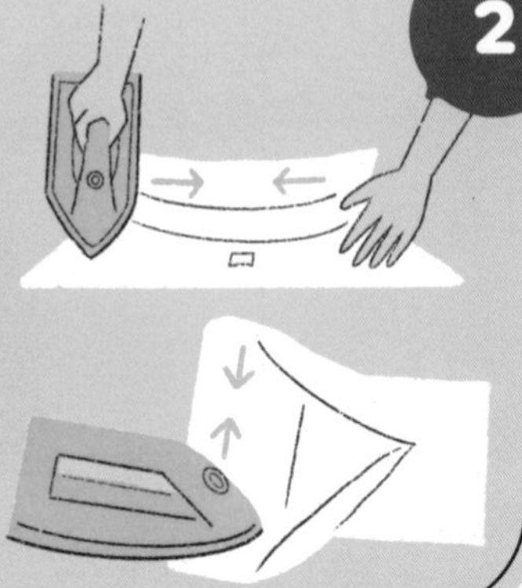

將領子與袖口攤平，使用熨斗前端由邊緣往內側燙。

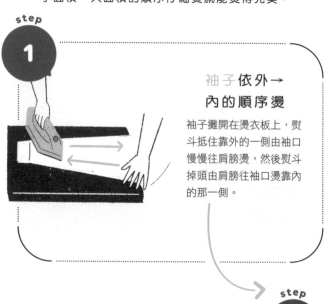

step 3

身體正面

要仔細燙鈕扣之間

襯衫披在燙衣板上，攤平身體正面部分，將熨斗打橫，由下襬慢慢往肩膀燙。鈕扣與鈕扣之間用熨斗的前端以滑動的方式燙平。

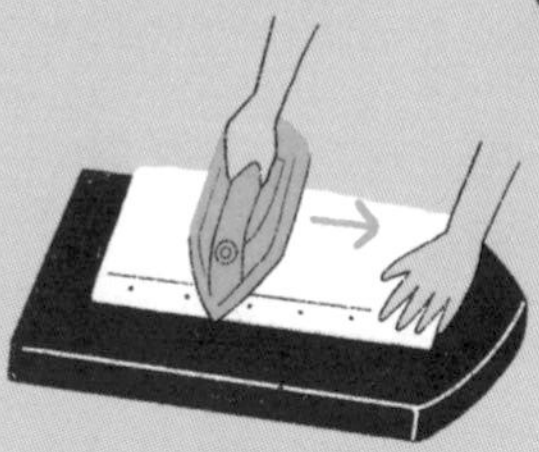

step 4

背後先燙一半

再燙另一半

背後部分攤平在燙衣板上分為左右兩邊，先燙完一邊再燙另一邊。燙的時候由下襬往肩膀大面積移動熨斗。沒拿熨斗那隻手輕輕拉住襯衫固定，熨斗會更好移動。

mini Column

變形的針織衫
用大量蒸氣救回來

針織衫的袖子或領口若是變形，可以用熨斗的蒸氣補救，但不要直接用熨斗燙。

如何去除油漬

用卸妝油搓揉後再洗

難以去除的油漬可以滴些同樣是油系的卸妝油搓揉，再以一般方式洗。

汙漬部分滴幾滴卸妝油。

用手搓揉，讓卸妝油深入髒汙。

直接加衣物洗劑清洗。

讓縮水衣物恢復原狀

用護髮乳鬆開纖維

毛衣如果因錯誤的洗衣方式而縮水，可以在盆子中裝30℃的溫水，並加入潤髮乳（按壓噴頭一次的量），放入毛衣浸泡約30分鐘。用浴巾夾住毛衣稍微脫水後，放在平坦處小心地拉長毛衣並平放乾燥。還是沒有恢復原狀的話，可以一面用熨斗噴蒸氣，一面一點一點地小心拉長。

如何燙皺褶部分

衣服裡墊條
捲起來的毛巾再燙

罩衫或裙子的皺褶部分總是沒辦法燙得漂亮的話，不妨準備一條毛巾。將毛巾捲起來，墊在皺褶部分的背面再來燙。熨斗不要直接接觸，噴出大量蒸氣在皺褶處就可以燙得好看。

如何收納棉被

棉被收納袋裡放擴香石
既能防蟲又療癒

用不到的毛毯及羽絨被要收起來時，應該先將被套拆下來洗乾淨，棉被本身好好曬過太陽後再收進收納袋。這時在收納袋裡放顆帶有自己喜愛香味的擴香石，就等於有了無害的防蟲劑保護。到了冬天拿出來用時，便能在療癒的香氣圍繞下入睡。

推薦的精油

天竺葵　辣薄荷

檸檬草

防止異味

每個月洗一次洗衣槽

衣物之所以有異味，原因常出在洗衣槽發霉或有髒汙。當這些東西附著到了衣物上，便會產生異味，因此建議洗衣槽要每個月清洗一次。這裡推薦的清洗方式是使用「過氧化鈉＋40℃溫水」。洗衣槽中放40℃溫水至最高水位，再以每10公升水加約100克過氧化納的比例投入過氧化納並攪拌約五分鐘，然後就這樣放一晚。撈掉浮起來的髒汙，再以普通方式清洗洗衣機一次。

衣物不可以長時間放在洗衣機內！

脫下來的衣服直接丟進洗衣機長時間放置的話，會孳生細菌及黴菌，有可能產生異味。待洗的衣物建議放在透氣的洗衣籃裡。另外也要養成洗衣機沒有使用時保持蓋子開啟的習慣，而且裡面不要放東西以維持通風。還有，別忘了衣服洗好以後要馬上拿出來晾。

Part 5

Bears流

全年度家事月曆

這一章會分享每個季節該做的家事，
並告訴你哪些家事先做好，
後續的整理就能更加輕鬆。

1月 的家事

年度計畫與處理結露

在月曆上寫下計畫並與家人一同討論

趁著元旦新年假期全家人都在時，在新的月曆上寫下家庭年度行程，並互相分享彼此在這一年中有哪些預定事項。也可以把新一年的目標、想做的事寫進去。

結露的窗戶要勤於打掃

窗戶在冬天容易因為暖氣的關係結露，因此要勤於擦拭窗戶內側的水分，避免灰塵愈黏愈牢或是發霉。

排定年度計畫與進行各種確認

找個全家人都在的時候，在月曆或記事本上寫下全家人這一年的預定事項，或是清點收到的賀年卡，確認親朋好友的地址是否有變動。

另外別忘了在一月十五日以前撤除新年裝飾，撤下來的新年裝飾可以拿去神社請社方幫忙燒掉。若錯過了時間，則以用鹽淨化過的報紙等包起來，當作可燃垃圾丟棄。

結露的窗戶、暖氣設備的濾網最好勤加打掃，避免發霉或髒汙附著。

12 months of housework

2月的家事

花粉對策與迎接新學期

在花粉季來臨前先安排時間就醫

建議在花粉季還沒到之前，先去看一下平時習慣看的醫生，並準備好口罩、護目鏡等防花粉用品。若有使用空氣清淨機，別忘了清理濾網及確認功能。

將新學期所需的物品列成清單

在小孩開學前確認學習用品、抹布、室內鞋、運動服等必需品是否都已備妥，並列出購買清單。如果是升學到下一階段，則要確認新制服如何購買以及量尺寸、訂購的時間並先預約好。

做好安排迎接春天&新學期到來

冬天的大衣及圍巾到了這時候差不多也髒了，有乾洗標示的衣服可以用熨斗的蒸氣去除皺痕或氣味；針織衫則用刷子刷掉毛球及灰塵等，好好保養一下衣服。中旬則開始準備報稅所需的文件及確認各種扣除額。已經完成預扣調整手續的上班族若有捐故鄉稅或經營副業，則必須做申報。趁二月時先確認家中小孩升學或升上新學年時需要做的準備，之後就不會手忙腳亂了。

3月 的家事

展現春天氣息的家飾品及衣物出場

用不同花色的布製品讓家中風格煥然一新

更換不同花色的布製品，能夠輕鬆又快速地讓家裡隨季節變換展現不同風貌。冬天用的厚、暖色系的抱枕套、窗簾等布製品換成輕、薄、粉彩色的款式，便很有春天的感覺。

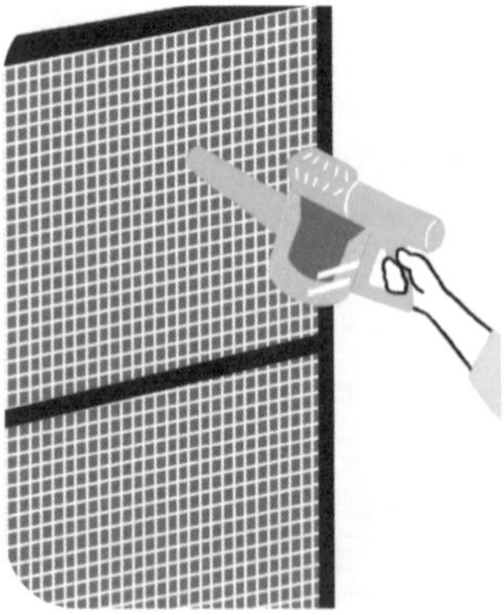

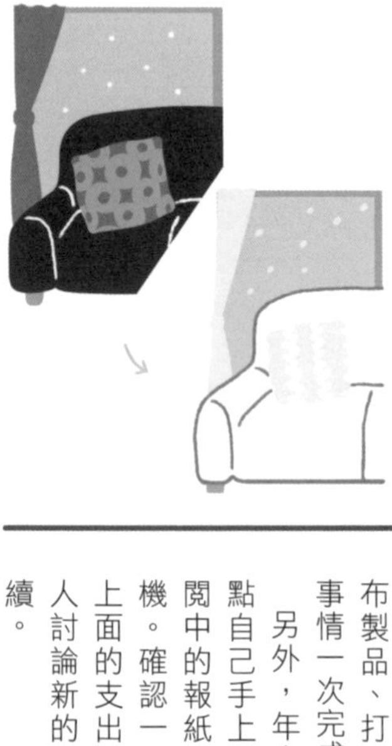

將冬天緊閉的窗戶打掃乾淨

在天氣轉暖打開窗戶前，記得先將紗窗及窗框的灰塵、髒汙清除乾淨。紗窗的打掃方式請參閱29頁。紗窗上若積了灰塵，可以先用吸塵器吸掉。

準備春裝及進行前一年度的檢討

挑一個天氣好的日子拿春裝出來透透氣吧。將春天穿的大衣、薄針織衫、罩衫等全部拿出來，檢查有無髒汙、汙漬、皺痕。建議用熨斗燙一下然後陰乾。

進行衣物換季的準備之餘，也可以順便更換家裡的布製品、打掃窗戶，將這些事情一次完成。

另外，年度的尾聲也是清點自己手上的壽險保單及訂閱中的報紙、雜誌等的好時機。確認一下一年花在這些上面的支出有多少，並和家人討論新的年度是否還要繼續。

4月的家事

打掃收納空間&準備迎接新生活

清理文件及學習用品

清點前一年度的學校相關文件、教科書、學習用品，丟掉已經用不到的。既然清出了空間收納新一年度的用品，不妨趁機順便打掃一下。

收納空間的打掃與除濕

占空間的大衣等冬季衣物送洗時，正好將收納空間空了出來，是打掃的好時機。可以用吸塵器好好吸一吸衣櫥、壁櫥，並更換防潮及防蟲用品。

在新年度的開始確認今後預定事項

四月是新學期的開始，學校及公司行號等也會公布年度行事曆。不妨在此時將今後的預定事項寫進月曆或記事本中，並順便確認其他家人的全年行程。事先掌握何時會有大筆花費、校外教學、考試日期等，有助於進行準備工作。

另外，冬天穿的羽絨外套、厚大衣等也差不多該一起送洗了。送洗前別忘了確認口袋裡是否還有東西。有些洗衣店會針對大批衣物提供折扣，不妨確認一下鄰近洗衣店的服務內容，選擇合適的店家送洗。

5月 的家事

收納冬天寢具與預防梅雨季發霉

將秋冬用的寢具更換為春夏款式

天氣好時可以將所有春夏用、秋冬用的寢具都拿出來曬太陽。春夏用寢具裝上已經洗乾淨的被單、被套，秋冬用的則收進收納袋中。無法一次曬完的話，就利用週末的兩天分兩批或分兩週曬。

盥洗空間、浴室的防霉工作

梅雨季節來臨前，要先做好盥洗空間及浴室的防霉。像是打掃洗臉盆下方、用酒精擦拭，將排水口洗乾淨等。浴室除了地板以外，牆壁及天花板也要洗乾淨，去除肉眼看不見的黴菌根源。

在梅雨到來前先把能做的事情做好

除了進行浴廁的防霉工作外，也可以趁天氣好、濕度低的時候幫地板打蠟。先用吸塵器徹底吸一遍，再用擰乾水分的抹布濕擦，完全乾燥之後仔細地上蠟。

另外，在蚊子、蟑螂等害蟲真正開始出沒前，就要先做好防禦措施。像是檢查紗窗，有破損的話要補起來。洗衣機的排水口可以用網子蓋住，門框、窗框或門間如果有縫隙，用填縫隙專用的膠帶貼起來。另外也別忘了放置驅蟲用品。

6月 的家事

防霉對策&檢查洗衣槽的狀態

檢查洗衣槽有無發霉

洗衣槽發霉的話，會使衣物有異味。梅雨季節來臨時，洗衣槽的除霉清洗要從一個月一次增加為一個月兩次。

預防鞋、包發霉

包包、鞋子在濕度高的時候也有很大的風險發霉。接觸到收納空間地板的包包或鞋底、鞋內都有可能發霉，可以在包包或鞋子裡塞報紙或放除濕劑加以預防。

因應梅雨季到來與準備好迎接夏天

除了防霉工作外，六月也是打掃與整理冰箱內部的好時機。將冰箱內部收拾整齊，可以提升夏天時的冷卻效率。丟掉過期食物，冰箱內部可以拆下來的零件就拆下來洗乾淨，並以酒精擦拭內部空間除菌。墊圈部分的霉用除霉清潔劑或氯系漂白劑去除。

另外，冷氣機的濾網、可自動清潔的冷氣機集塵盒也可以在此時先清乾淨。如果冷氣內部發霉，就找專門清洗冷氣的業者來清理。

7月
的家事

防颱準備與打掃房屋外觀部分

備好防水墊、膠帶等物品因應颱風到來

為了預防颱風侵襲，建議七月就先做好準備。窗戶貼上膠膜防止碎裂噴濺，並隨時備好遇到緊急狀況時用來抵擋風雨的紙箱、防水墊、膠帶、補強繩等物品，就能安心許多。

將庭院或陽台周邊打掃乾淨

打掃庭院及陽台周邊，將垃圾及沒有在使用的花盆丟掉。吊掛式的花盆要做好補強。陽台、露臺排水溝、雨遮的垃圾也要清理，以免影響排水。

做好防颱與除濕

除了房屋外觀的打掃，容易發霉的鞋櫃、洗臉盆也要用心清理乾淨。將鞋櫃裡的物品全部拿出來，鞋櫃內部用酒精擦乾淨，再用電風扇吹一段時間，吹掉鞋櫃裡的濕氣。另外也別忘了更換防潮用品。每天把櫃門打開一段時間通風可以防止發霉。

暑假前的幾週可先確認全家的暑假計畫，安排、調整小孩的社團活動、補習、出遊等行程。若有安排旅行，也可以先確認訂票等事宜或列出必要物品清單。

8月 的家事

清理冷氣與油汙

一週要清潔冷氣濾網一次

夏天會長時間使用冷氣，因此建議濾網要一週清潔一次。用吸塵器吸去灰塵後，再以水清洗並徹底晾乾。冷氣機如果有自動清潔功能，要記得清理集塵盒。

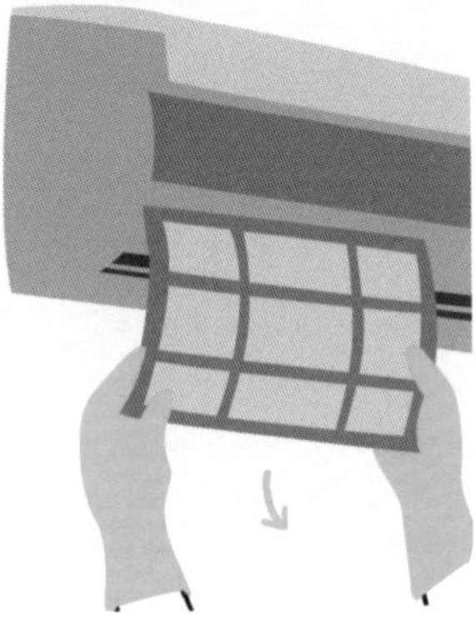

盛夏更應該打掃換氣扇

盛夏是打掃換氣扇的最佳時機。可以拆下來的零件浸泡靜置於小蘇打中，葉片及外殼則是貼上塗了小蘇打泥的廚房紙巾，然後蓋上保鮮膜做成貼布。過一段時間後再擦拭，便可清除髒汙。

做好保養工作就能改善冷氣運轉效率

除了清理冷氣的濾網，也要記得打掃室外機。確保室外機周邊有足夠空間並打掃乾淨，能改善空氣流通，提升冷氣的運轉效率。若陽光會直接照射到室外機，可以考慮加裝遮陽棚。

另外也建議趁早上氣溫較低、蚊蟲較少的時候除一除庭院或車庫的草。草在夏天長得特別快，放著不管的話很快就會雜草叢生。為預防蚊蟲叮咬，要穿著長袖、長褲，戴橡膠手套，在短時間內一鼓作氣完成除草。

9月 的家事

打掃窗戶、紗窗&迎接入秋

颱風過後記得將窗戶擦乾淨

颱風過後要將窗戶及周邊泥汙擦乾淨。用玻璃清潔劑在窗戶上噴出「Z」字形，然後以抹布擦拭。別忘了檢查紗窗、外牆、屋頂有無破損。

夏季家電的清潔與收納

天氣如果沒那麼熱了，便可以將夏季家電收起來。冷氣及除濕機的濾網要仔細清潔。電風扇則是在清理乾淨後，收進買來時的紙箱裡，或用防塵套、大塑膠袋之類的物品套起來並收納。

收拾夏季用品，準備拿出外套

這個時期的工作是清潔與收納夏天用過的防曬用品。布製的帽子使用中性洗劑手洗，順好形狀後晾乾。陽傘則是稍微沖濕後，用沾了稀釋洗劑的海綿刷洗去除髒汙，沖水洗淨後徹底晾乾。遮陽用的竹簾、草簾則是拆下來後先用吸塵器吸乾淨，再以擰乾的抹布濕擦並曬太陽。曬過太陽之後捲起來用報紙等物品包住收納。

此時也可先備好薄外套，天氣轉涼便可穿上。稍微陰乾或洗過再穿會更舒服。

10月的家事

衣物換季&清理家中灰塵

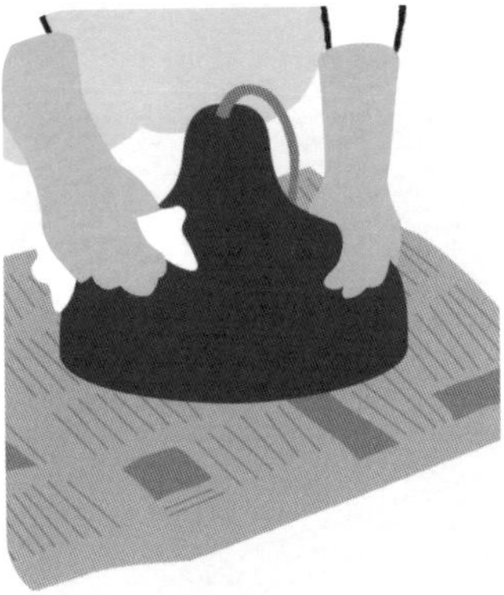

將春夏衣物換成秋冬用&收納規劃

衣物這時該進行換季，輪到秋裝、冬裝登場了。收納夏季衣物前，先將必要的衣物送洗。秋冬的衣物先全都拿出來，檢查有無汙漬或皺痕。有缺鈕扣或破損的話，可以先做處理。

清潔燈罩

家中所有燈具的燈罩建議在此時清潔，將春天、夏天開窗所累積的灰塵清乾淨。這時要將燈罩拆下來放到地板上。地板先鋪報紙，就可以防止灰塵弄髒地板。用掃把或含化學成分的抹布清除灰塵後再濕擦。

重新擬定收納計畫的最佳時機

衣物換季的同時，也可以順便將棉被換成秋冬用的。春夏用的棉被拿去曬太陽，棉被套洗過之後收進收納袋。秋冬用的棉被也要曬太陽，曬過後用乾淨的棉被套套起來。如果覺得毛毯沾染空間裡的氣味或濕氣，可以趁天氣好時清洗。暖桌被套也最好曬一曬太陽。

衣物及棉被換季之際，收納空間也空了出來，此時便可重新擬定收納計畫。也可趁機斷捨離，或思考如何提升收納空間的便利性。

11月 的家事

丟棄用不到的物品

減少物品數量 為年底大掃除做準備

大掃除前要盡可能減少多餘物品。建議用「本週清客廳、下週清寢室」一個區域一個區域清理的方式進行，或是訂下「一天清出一個垃圾袋的雜物」之類的目標。回收業者在年底也特別忙碌，有需求的話最好早點預約。

拆下窗簾清洗

春天和夏天由於經常開窗，灰塵及各種排放氣體會使得窗簾實際上比外觀看起來更髒，建議在這個時期依洗衣標籤指示的方式清洗窗簾，於室外徹底晾乾之後再裝回去。

做好迎接冬天的準備

清理多餘物品時，可以順便將冬天穿的羊毛大衣、羽絨大衣、厚針織衫等衣物拿出來稍加整理，像是檢查有無汙漬或皺痕，或覺得收起來的時候沾染到了氣味、有皺痕的話，建議用蒸氣熨斗燙一下再陰乾。

另外，抱枕套、桌巾之類的布製品也可以換成符合冬天風格的暖色系或較厚的款式，營造家中的暖意。挑選花色適合冬天使用的桌巾、桌墊等物品布置居家空間也是一種樂趣。

12 months of housework

12月的家事

分批將累積了一年的髒汙清理乾淨

將大掃除分散於整個月進行

12月是特別忙碌的月份，很難聚集全家人一起打掃，因此可以先決定好每個人負責打掃的區域，然後排定各自進行打掃的時間。

購買賀年卡及新一年的記事本、月曆

如果要委託業者幫忙印刷賀年卡，愈早下單折扣愈多，建議盡早處理。另外也最好提前購買新一年的月曆及記事本，將接近年底及新年之始的預定事項都抄寫過去。

進行大掃除的同時順便檢討空間規劃

大掃除不需要一次完成，建議由全家人一同分擔，各自決定何時打掃自己負責的區域。如果負責客廳，可再細分為「今天打掃沙發周圍，明天打掃電視周圍」。

為了打掃移動家具時不妨想一想，空間規劃是否能改善？像是改變沙發、桌子的方向，或配合家中成員的變化檢討家具是否要做調整等。

在一年的尾聲將用了一年的毛巾、內衣褲汰舊換新，也能讓人更期待新年到來。

COLUMN_08

Bears Lady 獨門家事妙招

這個單元介紹的是Bears Lady發揮巧思，
自行改良在工作中學到的家事技巧後得出的妙招
（不是Bears官方的作業方式，
而是Bears員工的家事智慧）。

A小姐的家事妙招

收納

因為我家不大，所以伸縮桿用得很多，房間裡可以裝的地方全都裝上了伸縮桿。如此一來，廚房用品、眼鏡、口罩等就可以隨手掛上去了。

洗衣

梅雨季之類多雨的時期，常得將衣服晾在室內，我一定會搭配除濕機使用。在室內晾衣時，衣服的間隔我會抓得比平時更大。

料理

由於實在太忙，時間不夠用，我很依賴電子鍋。用蔬菜、肉、水、咖哩塊就能輕鬆做出咖哩。只要有鬆餅粉、雞蛋、牛奶，就可以做出鬆餅。放蔬菜、高湯粉、牛奶和飯一起煮，還能煮出燉飯！

B小姐的家事妙招

冰箱整理技巧

①擺一個托盤放需要盡快吃掉的食物，②離保存期限近的食物靠外放，③使用透明的保鮮盒。運用這三項技巧整理冰箱，就不用擔心浪費食材，超方便！

洗衣

襯衫領子上的黃斑可以用沾了洗碗精的牙刷刷掉。衣服在溫水＋漂白水裡泡30分鐘再洗，可以防止晾在室內時產生異味。

C小姐的家事妙招

收納

小東西或包包收在紙袋裡。使用相同種類的紙袋可以營造一致感，看起來也更美觀。

打掃

鞋櫃容易累積濕氣，睡覺時可以打開來通風。

洗衣

梅雨季時不妨稍微開一下浴室暖風機，在室內晾衣服前或要收衣服前吹1～2小時就行了。

料理

每一季使用不同顏色、材質的餐具，心情也會變好。

D小姐的家事技巧

收納

打掃用品很容易四散各處，每個地方可以放個盒子統一收起來。調味料建議裝進透明容器收納，這樣就能一目瞭然。平底鍋直的放進百圓商店賣的檔案盒收納，就不會占空間。

料理

潮濕的時節（梅雨季等）要小心食材因潮濕而壞掉。鹽、砂糖這類怕濕氣的東西可以放珪藻土防潮塊一起保存。米則是在保存容器中放珪藻土防潮塊，冷藏於冰箱。冰箱的蔬果室裡放些揉成球狀的報紙除濕。

F小姐的家事技巧

收納

我一向不使用收納用品，因為太浪費收納空間，而且容易眼花撩亂。不論任何東西，如果露出有文字的部分，就會顯得雜亂無章，讓人心情鬱悶。我的做法是將東西收進自己喜歡的容器（盒子、瓶子、杯子）裡。

收納

我會設法使冰箱裡面能讓自己看了有開心的感覺。像是放瓶外觀漂亮的酒，營造出特別的氣氛。這樣看了可以開心個一週左右。

料理

烹調用具、鍋子、砧板、菜刀、湯匙、鍋鏟、磅秤等常用到的東西，我會挑美觀、品質好的。如果遇到了煮飯的倦怠期，我會買些漂亮的新廚具，當作給自己的禮物。

E小姐的家事技巧

收納

固定物品的數量。多了一個新的，就要減少一個舊的，不要讓數量變多。收納空間有死角的話，就不容易掌握物品狀態，收納時要讓東西都能看得見。

打掃

每三個月挑一個地方進行大掃除，到了年底便不需要整個家進行大掃除，只要小～中掃除就夠了。比起乾燥的冬天，炎熱的夏天更容易去除油汙，因此建議趁夏天大掃除時把油汙搞定。

料理

為了防止用到過期，不要買太大包的調味料，買小包裝、貴一點的也無妨。蔬菜切了以後拿去冷凍，之後就能直接使用。這樣可以減少使用砧板、菜刀。

Bears Lady

野口志保 2009年進入公司

擅長家事：打掃、料理、燙衣服、收納。負責教育訓練，家事大學認證講師。起初是計時制員工，負責的服務累計超過2500件。曾是顧客滿意度排名第一的Bears Lady。

媒體經歷：NHK「首都圏ネットワーク」，朝日電視台「裸の少年」，東京電視台「ワールドビジネスサテライト」、「DIAMOND ONLINE」，世界文化社《No.1家事代行「ベアーズ」式楽ラクうちごはん》。

Bears Lady

川津尚美 2009年進入公司

擅長家事：打掃、燙衣服、收納。Bears Lady教育講師。負責的家事到府服務累計超過6000件。目前亦活躍於電視、雜誌、講座等。

媒體經歷：TBS「ビビット」、「この差って何ですか」，東京電視台「ワールドビジネスサテライト」，TOKYO MX「東京電波女子」，關西電視台放送「有吉弘行のダレトク!?」，小學館「Domani」，世界文化社《No.1家事代行「ベアーズ」式楽ラクうちごはん》。

Special Thanks

Bears Lady的催生者

高橋由紀

家事到府服務「Bears」副董事長，家事研究家。研究如何改善從兒童到銀髮族等各年齡層的生活，以家事專家的身分活躍於電視、雜誌等各種媒體。秉持打掃應該要「輕鬆、愉快、整潔」的理念，用日常生活中常見的物品開發出了各種創意道具。同時也認為打掃是傳遞生活智慧的媒介、親子間溝通的媒介，提倡親子、夫妻一同樂在其中的家事溝通。

2015年創立了全球第一所家事大學，以校長身分展開新挑戰。2016年負責TBS電視劇《月薪嬌妻》的家事監修工作。

《楽ラク掃除の基本》（学研プラス）、《No.1家事代行「ベアーズ」式楽ラクうちごはん》（世界文化社）等著作好評熱銷中。

媒體經歷：日本電視台「ヒルナンデス」、「世界一受けたい授業」，富士電視台「ノンストップ」等。亦曾接受許多女性雜誌及網路媒體採訪。

https://www.happy-bears.com/yukitakahashi/

監修　**Bears**

staff

編輯統籌　柿内尚文
責任編輯　栗田亘
設計　細山田デザイン事務所
封面插畫　オガワナホ
本文插畫　オガワナホ、かざまりさ、桑原紗織、ヤマグチカヨ
編輯協力　木村直子、村本篤信
DTP　廣瀬梨江

樂活家事寶典

日本No.1家事服務公司的省時省力家務妙招

出　　版／楓葉社文化事業有限公司
地　　址／新北市板橋區信義路163巷3號10樓
郵 政 劃 撥／19907596　楓書坊文化出版社
網　　址／www.maplebook.com.tw
電　　話／02-2957-6096
傳　　真／02-2957-6435
翻　　譯／甘為治
責 任 編 輯／王綺
內 文 排 版／洪浩剛
港 澳 經 銷／泛華發行代理有限公司
定　　價／350元
初 版 日 期／2023年1月

國家圖書館出版品預行編目資料

樂活家事寶典：日本No.1家事服務公司的省時省力家務妙招 / Bears作；甘為治譯. -- 初版. -- 新北市：楓葉社文化事業有限公司, 2023.01　面；　公分

ISBN 978-986-370-503-1（平裝）

1. 家政　2. 工作說明書

420.26　　111018578